Javier Humberto Ballesteros Rozo

Uso del álgebra booleana para modelar la toma de decisiones económicas

Javier Humberto Ballesteros Rozo

Uso del álgebra booleana para modelar la toma de decisiones económicas

Modelo que articula los modelos de Fallos de Racionalidad encontrados en la Economía del Comportamiento

Editorial Académica Española

Imprint
Any brand names and product names mentioned in this book are subject to trademark, brand or patent protection and are trademarks or registered trademarks of their respective holders. The use of brand names, product names, common names, trade names, product descriptions etc. even without a particular marking in this work is in no way to be construed to mean that such names may be regarded as unrestricted in respect of trademark and brand protection legislation and could thus be used by anyone.

Cover image: www.ingimage.com

Publisher:
Editorial Académica Española
is a trademark of
International Book Market Service Ltd., member of OmniScriptum Publishing Group
17 Meldrum Street, Beau Bassin 71504, Mauritius
Printed at: see last page
ISBN: 978-620-0-40659-0

Un hombre puede imaginar cosas que son falsas, pero sólo puede entender cosas que son ciertas.

Sir Isaac Newton

Agradecimientos

En primer lugar, quiero agradecer a toda mi familia que siempre me apoyó a pesar de todo el tiempo que fue necesario tomar para encontrar mi vocación; la paciencia que tuvieron ante cada traspié que enfrenté; era y será el motor para emprender de nuevo el camino y entender en dónde me pude haber equivocado y en dónde tuve un acierto. En el caso particular de mi mamá quiero agradecer por todos y cada uno de los días en que estuvo ahí para despertarme y recordarme el porqué de todo el proyecto de mi educación superior con su cariño y amor de madre; en específico a mi papá quiero retribuirle por brindarme más que un apoyo económico como lo es un apoyo moral, alguien con quien conversar todas las mañanas de camino a la universidad. Mi querida hermana y mejor amiga, quién me orientó hacia las ciencias económicas, quiero agradecer por ser quien escuchase mis teorías y planteamientos acerca de cómo cambiar al mundo, por hacer necesaria la justificación teórica para creer en mis argumentos y de esta forma permanecer en constante estudio sobre la teoría económica.

En este mismo sentido quiero agradecer a mi novia por haber llegado justo en el momento en el cual necesitaba volver a estructurar mi vida para poder solventar un momento que parecía muy complicado en el plano académico, gracias a sus consejos y apoyo pude salir de ese momento victorioso y tener confianza en lo que seguía para alcanzar mi meta.

Finalmente, mis agradecimientos van a la Universidad Nacional de Colombia donde siempre tuve las puertas abiertas y donde se me enseñó a pensar de forma compleja los diferentes problemas económicos. A la profesora Olga quien creyó en la idea de este proyecto desde el principio, además de ser quien despertase en mí la curiosidad por los aspectos de la microeconomía; a mis amigos, los Nappa, que siempre fueron importantes para tener una visión del mundo que sea integra e interdisciplinar de la realidad.

Resumen

El estudio de la teoría de la decisión por parte de la Economía se ha caracterizado por ser un modelo normativo en lugar de un modelo descriptivo que es propio de otras ciencias sociales. Este documento presenta una aproximación teórica al modelo descriptivo definiendo los elementos necesarios para tomar un determinado curso de acción. Se propone el uso de las herramientas pertenecientes al álgebra booleana, como lo son las tablas de verdad y sus funciones asociadas para explicar el proceso de decisión de una o varias acciones.

Gracias a las funciones reducidas, se puede observar cuáles variables afectan realmente determinadas decisiones de diferentes agentes económicos como lo son las personas, firmas, gobierno, entre otros. Además, se encuentra que los niveles altos de utilidad están dados por tener mejor información y por decisiones que son satisfactorias, en lugar de provenir de procesos de maximización que son poco realistas.

Palabras clave: teoría de la decisión, álgebra booleana, agente económico, utilidad, decisión satisfactoria.

Abstract

The study of decision theory by the economy has been characterized as a normative model rather than a descriptive model that is typical of other social sciences. This document presents a theoretical approach to descriptive model defining the elements required to take a particular course of action. The use of the tools belonging to the Boolean algebra is proposed, as are the truth tables and their associated functions to explain the decision process of one or several actions.

Thanks to the reduced functions, it can observe which variables really affect certain decisions of different economic agents such as people, firms, government, among others. In addition, it is found that high levels of utility are given by have the best information and decisions that are satisfactory, instead of coming from processes of maximization that are not realistic.

Keywords: decision-making theory, Boolean algebra, economic agent, utility, satisfactory decision.

Contenido

Lista de figuras

Lista de tablas

<u>Pág.</u>

Introducción

Dentro del estudio de la Economía, la preocupación en lo que concierne a la forma en la cual las personas toman un determinado curso de acción parece ser delegado a otras disciplinas como la Psicología o la Administración, aun entendiendo que, para explicar el porqué de algunos fenómenos económicos, tanto a nivel micro como a nivel macro, se debe recurrir a la conducta humana y la forma en la cual interactúa con su entorno.

El problema de la toma de decisiones por parte de los agentes que forman un determinado contexto económico se ha reducido a la idea del *'Homo economicus'*, ya que, por la manera en la que este ser abstracto opera, se logra simplificar los cursos de acción que se optarán dentro del espacio económico y se logra, por lo general, un único resultado que permite predecir el comportamiento de algunos fenómenos económicos. Lo anterior no sería un problema muy relevante si los supuestos que permiten la concepción del *'Homo economicus'* no fueran tan desmedidos en comparación con un agente económico cualquiera; dentro de estos supuestos se tiene, por ejemplo, el conocimiento perfecto del mundo gracias a una información completa y perfecta, pero se ha observado que falla en la realidad debido a episodios de engaño y estafas a lo largo de la historia por asimetrías de información.

Así, un modelo que explique la toma de decisiones involucrando factores que son propios de las personas reales, como lo son los sentimientos, el hambre, las adicciones, la avaricia, es importante para intentar comprender el motivo por el cual algunas predicciones de la teoría económica convencional no han sido acertadas y han provocado situaciones tan graves como, por ejemplo, la crisis financiera de 2008. Para George Soros, experto en finanzas y que ha hecho una gran fortuna gracias a la especulación financiera, los mercados de capitales están controlados por el miedo y la codicia, esto hace que sea prácticamente imposible predecir cómo se comportarán debido a que en los modelos tradicionales no se han incluido variables que van más allá del estudio económico tradicional (Küng & Paz, 2009).

Por los motivos mencionados y entre otros, el objetivo de este trabajo consiste en plantear un modelo de orden descriptivo para la Economía donde sus agentes no se comporten como 'Homo economicus' sino más cercanos a la realidad y así entender la manera en la cual interactúan las variables que se toman en consideración ante una respectiva premisa de decisión que involucre un proceso de elección racional. Se busca incluir los heurísticos, sentimientos, factores viscerales entre otros, e intentar implementarse al análisis del proceso de toma de decisiones. La herramienta que se utilizará para la construcción del modelo es el Álgebra Booleana, esto hace que cada variable que se utilice para explicar la toma de decisión deba ser presentada como una variable categórica, lo cual, por supuesto, puede ser una limitación que podría ser corregida para futuras investigaciones donde se use la idea que el texto plantea.

En lo que respecta a las ventajas de utilizar el Álgebra Booleana es una relativa facilidad operacional al momento de aumentar el número de variables que sirvan para explicar por qué se toma una decisión u otra; además el uso de algoritmos de reducción de las expresiones booleanas propias de las tablas de verdad, que aseguran una forma funcional menor pero que no pierde las propiedades de las funciones completas y resume todas las posibles alternativas de acción en un determinado problema.

Debido a las anteriores ventajas, la implementación del modelo que usa el Álgebra Booleana permitiría avanzar en el entendimiento de los diferentes cursos de acción que emplea un determinado agente económico en un contexto definido y, de esta forma, observar que la noción de racionalidad perfecta puede ser un caso especial no el caso general sobre el cual proponer modelos o determinadas políticas públicas que fomentan el consumo, la inversión, entre otros.

Este trabajo se divide en cinco partes incluida esta Introducción, en la siguiente sección se presentan los diferentes elementos que son propios del proceso de la toma de decisiones que son extraídos de estudios interdisciplinares; en la tercera sección se introduce el Álgebra Booleana tomando como punto de partida sus axiomas y teoremas para concluir con los algoritmos de reducción y los operadores lógicos (también llamados compuertas); en la cuarta sección se conectan los elementos del proceso de decisión y el Álgebra Booleana proponiendo la operatividad del modelo; finalmente se presentan unas conclusiones y recomendaciones sobre el modelo propuesto para el proceso de toma de decisiones racionales.

1. Proceso de toma de decisiones

Cuando se piensa en la teoría de la decisión generalmente, dentro de la Economía, se habla de una teoría que se preocupa principalmente en los resultados obtenidos en lugar del procedimiento que emplea un respectivo agente económico para tomar un curso de acción determinado; y es que, aunque la descripción del proceso de la toma de una elección parezca una noción de sentido común (North, 1968), el principal problema de la teoría de la decisión debe estar enfocado en el modo en que opera un agente económico para entender las diferentes razones por las que actúa de una determinada manera y, en algunas ocasiones, no parece ser racional dentro de la definición que comúnmente se tiene en las ciencias económicas.

Ahora bien, si se tiene una teoría descriptiva de la decisión también puede hablarse de racionalidad en un sentido que puede definirse de manera diferente, donde no solo se considera el resultado de la elección, sino que se toma a consideración el conocimiento de las consecuencias que tienen los cursos de acción posibles (Simon, 1979; Denegri, 2010). Esta noción de racionalidad difiere del carácter normativo y semántico que tradicionalmente se utiliza y permitiría elaborar un concepto que surge necesariamente de una fuerte investigación empírica de la teoría en sí misma, donde el juicio de verdad de los determinados axiomas que definen formalmente la noción de racionalidad tradicionalmente aceptada sean comprobados o rechazados (Simon, 1979; Aguilar, 2004; Schiiro, 2012).

En cuanto a las bases formales de la teoría descriptiva de la decisión, en la psicología ya existe un amplio fundamento, construido gracias a una serie de trabajos empíricos que muestra cómo decide un sujeto "razonable", que sirve de sustento para la investigación económica; el problema surge cuando se observa que una gran parte de las elecciones que toman los sujetos se realizan de forma intuitiva y que la vinculación formal no permite reemplazar modelos fuertemente estructurados como lo es la noción del agente perfectamente racional que tiene la teoría neoclásica (Kahneman, 2003). Si bien es cierto que la ventaja del modelo neoclásico radica en su relativa simpleza eliminando todo comportamiento conductual individual, se aleja en dar una explicación más satisfactoria a razón de la fuerza de sus supuestos básicos. Las teorías que hacen un esfuerzo por involucrar los elementos conductuales parecen ganar terreno en cuanto a la explicación del proceso de la toma de decisiones gracias a la forma en como tratan el poder computacional de razonamiento de un agente determinado (Simon, 1979).

Así, el poder computacional del agente económico parece ser uno de los elementos cruciales para distinguir la teoría de la decisión normativa con la teoría de la decisión descriptiva; por tal motivo, Herbert Simon sugería que ante un poder computacional ilimitado del agente económico ocurriría que

- No habría que diferenciar el mundo real y la percepción del tomador de decisiones, ya que son las mismas, y
- Se podría predecir las elecciones que hará enteramente el tomador de la decisión, simplemente conociendo el mundo real y sin saber los modos de cálculo, ya que por el poder ilimitado se tendría que conocer su función de utilidad y cómo la maximiza.

En caso contrario, se debe construir una teoría del proceso de decisión, la cual no sólo incluye el proceso de razonamiento sino también los procesos que generan la representación subjetiva del actor del problema, es decir la percepción propia de cada agente que se ha construido a través de la adaptación a contextos que son altamente complejos (Simon, 1979; Kahneman, 2003).

En lo que respecta a los procesos de razonamiento, éstos no son únicos, como quiere suponer la teoría tradicional, sino que, en la evolución del conocimiento de la ciencia económica, han surgido diferentes reglas de elección como lo presenta la siguiente figura.

Figura 1-1:   Tipos de procesos de razonamiento.

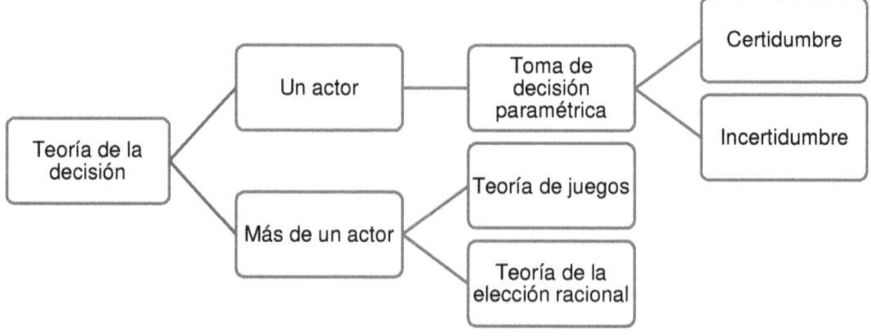

Tomado de: Aguiar, F. (2004). Teoría de la decisión e incertidumbre: modelos normativos y descriptivos.

Un elemento que sí es común en cada una de las reglas de decisión son tres postulados propios de la teoría neoclásica que parecen no ir en vía con otras ciencias sociales, los cuales se resumen en la tabla 1.

Tabla 1-1:   Comparación de aspectos fundamentales en el proceso de decisión.

Economía Neoclásica	Otras ciencias sociales
Guarda silencio sobre el contenido de metas y valores.	Determinan empíricamente el origen y naturaleza de los valores y sus cambios con la experiencia y el tiempo.
Postula la consistencia global de comportamiento	Determinan el proceso por el cual los aspectos de la realidad seleccionados se postulan como dados para razonar acerca de una acción.
El comportamiento es objetivamente racional con respecto a su ambiente total, incluyendo presente y futuro cuando se mueve a través del tiempo.	Buscan determinar las estrategias computacionales que usan en el razonamiento de modo que las capacidades de procesamiento de información muy limitadas pueden hacer frente a realidades complejas
No existen factores externos que influyen a la racionalidad perfectamente definida.	Describir y explicar las formas en las que los procesos no racionales influencian el foco de atención y la definición de las situaciones que establecen los datos fácticos para los procesos racionales.

Nótese que los aspectos de las otras ciencias sociales nuevamente apuntan a una teoría de carácter más descriptivo que normativo, es decir que para la teoría utilizada en la economía todo el proceso, independientemente de la regla de elección, está dado a través de supuestos. Así pues, las decisiones pierden su carácter de hecho, es decir que no interesa la parte que pueda involucrar juicios de valor donde establezca qué tan necesario es, por ejemplo, la adquisición de comida en un momento de hambre (Simon & Lázaro, 1982).

Dado el objetivo de este trabajo, se ha optado por tomar una teoría de la decisión de carácter descriptivo que parte de la información que tiene un agente, sigue con el curso de acción, las expectativas y termina con la noción de la utilidad y los límites de cómputo que tiene un determinado agente. Se explicará cada una de estas partes del proceso decisorio que ha definido el autor y, además se incluirá la explicación del marco de referencia lógico y cómo la intuición y el razonamiento tienen influencia en los diferentes tipos de decisiones que se toman.

1.1 Proceso de Razonamiento

Para entender el proceso por el cual un agente económico toma decisiones es pertinente tomar como punto de partida el postulado de Kahneman sobre la división que existe en el sistema cognitivo de las personas. En este sistema se pueden reconocer el razonamiento y la intuición junto con las características de cada uno de estos sistemas. Kahneman propone la siguiente división:

Tabla 1-2:   Comparación de aspectos fundamentales en el proceso de decisión.

Intuición (Sistema 1)	Razonamiento (Sistema 2)
Rápido	Lento
Paralelo	Consecutivo
Automático	Controlado
Sin esfuerzo	Con esfuerzo
Asociativo	Regido por reglas
Aprendizaje lento	Flexible
Emocional	Neutral

Tomado de (Kahneman, 2003). Mapas de racionalidad limitada: psicología para una economía conductual.

El sistema de la intuición está más relacionado a los estímulos y actúa como respuesta inmediata ante situaciones que requieren que el tiempo de respuesta sea corto como lo son situaciones emocionales o de carácter de supervivencia. Los costos en los que incurre el cuerpo por usar este sistema es menor que su contraparte racional y es por eso que muchas veces termina surgiendo como el sistema por el cual se decide aun cuando la elección no parezca encajar con las características de este sistema (Kahneman, 2003).

Por su parte, lo correspondiente al sistema de razonamiento está orientado a aquellas decisiones que requieren de un determinado esfuerzo, regido por reglas que tiene cada una de las personas y se puede considerar flexible en el corto plazo. Además, se puede atribuirle funciones como el autocontrol, la valoración de las acciones del pasado y el futuro, entre otras. En cuanto a los costos que requiere usar este sistema se observa que son más altos que los costos asociados al sistema intuitivo, por tal razón se busca que las acciones que se toman repetidamente ante situaciones similares se almacenen en forma de respuesta casi automática que pueda dar la intuición, aunque este proceso sea realizado de manera más lenta (Kahneman, 2003).

El proceso que se describe en este documento va orientado, revisando la distinción de los dos sistemas dentro del gran sistema cognitivo, al sistema de razonamiento dada las características, por ejemplo, como el estar regido por reglas o la existencia de esfuerzo para tomar un curso de acción determinado.

1.2 Marco de referencia

Entender una decisión tomada por un agente requiere ver más allá de un resultado derivado de una premisa entre la cual se tuvo que seleccionar un curso de acción determinado. Toda decisión entra dentro de un contexto general que demarca el problema y que lo afecta de una u otra manera, a la delimitación se denomina *Marco lógico de referencia*.

En todo contexto de una determinada decisión económica hay que tener en cuenta que la realidad no es algo externo, independiente y conocible, sino que es un objetivo móvil (Denegri, 2010; Oliva, 2018), pero que está gobernado por una serie de normas y leyes formales e informales, reunidas en el concepto de instituciones, que actúan como mediadoras de toda actividad económica de un determinado espacio, facilitando los diferentes intercambios que ocurren en la actividad económica moderna, gracias a la protección de los intereses de las determinadas organizaciones o facilitando los diferentes bienes públicos necesarios para la misma. (Mantzavinos, North & Shariq, 2004; Olsen, 1992).

No obstante, las instituciones no son únicamente los elementos macro que afectan la toma de decisión de un determinado agente. Se pueden generar cambios en los comportamientos que un determinado agente tiene en un momento t del tiempo a un momento $t+1$, sin que esto signifique un cambio de preferencias, debido a los factores culturales y sociales como el nivel socioeconómico, las perspectivas sobre el sistema político, el tamaño de la familia; y los factores económicos como la percepción del nivel de ingreso, las tasas impositivas, la tasa de interés, el nivel de inflación, la oferta disponible o los subsidios (Denegri, 2010).

Aunque el agente que va a tomar cualquier tipo de decisión económica se mueve en un contexto económico, social y político que marca su elección, éste es solo una parte del marco lógico de referencia, pues también se debe incluir los hechos u opciones entre los cuales se debe elegir, los posibles resultados o consecuencias de esos actos, las contingencias o probabilidades condicionales que relacionan resultados a hechos y las reglas de decisión o cómputo con las que se opera (Tversky, & Kahneman, 1981; Simon 1979).

Vale destacar que dentro de un respectivo marco lógico de referencia se asume que un agente tendrá una preferencia consistente, pero también se afirma que el agente, el cual ya ha definido su marco, así sea con herramientas que faciliten su análisis, desconocerá otros posibles marcos para la situación y por tal motivo, en ocasiones, se presentan inconsistencias cuando se le enseña otra forma de enmarcar el mismo problema donde se realzan algunos elementos y se ocultan otros, lo cual es contrario a la noción de racionalidad perfecta. Esta situación presenta relevancia ética cuando una forma en la que se presenta el problema puede afectar intencionalmente el resultado al que se quiere llegar, inclusive en situaciones sin consecuencias graves lo cual se refuerza a través del denominado *efecto marco* (Tversky, & Kahneman, 1981; Simon 1979).

1.3 Información

La información es una parte crucial del proceso de toma de decisiones dado que la percepción que se tiene del mundo se deriva de la acumulación de conocimiento y desde ella se toman decisiones racionales o intuitivas. Cuando se piensa en la teoría de la decisión, se puede decir que es un procedimiento que toma en cuenta toda la información disponible para dar la mejor decisión lógica posible (North, 1968), pero reconociendo que el mundo es imperfecto porque las personas hacen parte del mundo que tratan de comprender (Oliva, 2018). Por lo tanto, suponer que un determinado agente tiene información perfecta sobre el mundo es un supuesto que no tiene en cuenta la gran cantidad de evidencia empírica encontrada gracias a los estudios de comportamiento, valores, creencias y opiniones de los actores que han llegado desde la psicología, sociología o antropología. La teoría de la racionalidad limitada busca entender el procedimiento de toma de decisiones integrando los posibles fallos que se encontraron con la evidencia proporcionada por las demás ciencias sociales (Simon, 1979; Simon, 1986).

Aunque la racionalidad limitada fue una primera herramienta propuesta ha tenido sus respectivas críticas y detractores que alegan una serie de fallos en el momento de entregar un resultado general. Sin embargo, en lo que corresponde a la concepción de la información que tiene un determinado agente es una buena base para entender el hecho de que la información completa en sí misma es un imposible teórico. Lo anterior se debe a la naturaleza misma del ser humano donde, por ejemplo, las diferentes emociones provocadas por diferentes estímulos externos juegan un papel importante en la adquisición de información ante situaciones de miedo, la cual resulta fundamental al momento de decidir sobre elecciones con un alto riesgo (Cortada de Kohan, 2008; Kahneman, 2003); los procesos de aprendizaje que influyen en la siguiente ocasión que tenga que tomarse una decisión económica similar (Denegri, 2010), o las fallas de razonamiento que son en mayor parte fallos de conocimiento de todas las alternativas, incertidumbre sobre eventos exógenos relevantes y la no habilidad para calcular secuencias que surgen cuando un agente coloca en un marco lógico una determinada situación (Simon, 1979).

Para explorar un poco más acerca de los factores que demuestran una información incompleta del mundo real por parte de los agentes económicos se hablará primero del papel de las emociones que están situadas entre aquellos estados capaces de afectar a la conducta humana porque son intensamente viscerales y además intensamente cognitivas. El sentimiento de urgencia provocado por muchas emociones, incluso cuando no hay necesidad de actuar rápidamente, puede interferir con la adquisición racional de información como la evaluación de precio que pueda tener un bien que satisface el hambre, la sed o la adicción; y también puede afectar la recompensa sobrevalorando el efecto que se tiene al consumir o comprar el bien; así se muestra el papel de afectación dual en la información previa y la información posterior. (Elster, 1999).

Por su parte, los gustos que consisten en información guardada en la memoria sobre la relativa deseabilidad de unos bienes y actividades, se forman progresivamente, junto con el sistema de creencias, mediante la participación de una adaptación a la emoción (Loewenstein, 1996; Mantzavinos et al., 2004). Así, un cambio en los gustos implica un proceso de realización más lenta que el cambio en la percepción de los factores viscerales los cuales cambian cuando son satisfechos, inclusive recurriendo a actos con consecuencias buenas o malas y con pleno conocimiento de éstas (Loewenstein, 1996), mientras que los gustos varían a través del aprendizaje que logra modificar la memoria guardada de una determinada acción y sugerir un cambio para las elecciones futuras.

Sin embargo, existen situaciones en las que la información recopilada por un agente parece no influir en la respectiva elección, algunas investigaciones apuntan hacia salidas sistemáticas, o sesgos, que surgen de un pequeño número de heurísticos, como el anclaje, la disponibilidad y la representatividad (Camerer, 1988; Cortada de Kohan, 2008), donde parece actuar el sistema de intuición que busca reducir costos pero que a su vez intenta reducir la tensión buscando elementos cognitivos que la apoyen y que fortalezcan el balance de los argumentos que favorecen esa acción (Elster, 1999).

Se puede adicionar que, en general, se conoce que un agente es consciente de falta información relevante, lo cual puede hacerlo reacio a actuar, por ejemplo, en el mercado bursátil. Por lo tanto, parece que las personas exigen información incluso en situaciones donde las elecciones que tomarían no cambiarían independientemente de la información que adquiriera (Camerer, 1988); sin embargo, no siempre la atención y el esfuerzo no sirven para *comprar* racionalidad. El esfuerzo y la concentración probablemente hagan llegar al sistema racional un conjunto más completo de consideraciones, pero la ampliación puede llevar a una decisión de menor calidad, a menos que las ponderaciones de las consideraciones secundarias sean apropiadamente reducidas (Kahneman, 2003), lo cual indicaría que el individuo posee una capacidad computacional casi perfecta. La presencia de información faltante conocida caracteriza muchas situaciones que experimentan los agentes; suponiendo que las personas sean reacias a correr riesgos en situaciones donde se demanda más información, se puede ayudar a explicar algunos fenómenos como el sesgo de inversión del país de origen (se ha observado que las personas en todos los países invierten demasiado en sus propios países, en comparación con los beneficios de la diversificación de invertir en fondos mutuos internacionalmente diversificados) (Camerer, 1988).

Sin embargo, para un determinado agente puede ser necesaria la información que para otro resulta irrelevante al momento de evaluar una decisión económica debido a características de personalidad del individuo, estilo de vida personal y familiar, normas y valores de su cultura y el nivel de alfabetización económica o comprensión del mundo económico que ha alcanzado (Denegri, 2010). De este modo, siempre es beneficioso un acceso mayor a diferente tipo de información, para reducir el carácter imperativo de una determinada sentencia y tomar una decisión que se acerque a la forma correcta objetivamente hablando (Simon & Lazaro, 1982).

1.4 Expectativas

Cuando un tomador de decisiones debe seleccionar un curso de acción se clasifica las elecciones que puede tomar en aquellas que implican un riesgo o incertidumbre, o aquellas sin riesgo o certeras (Cortada de Kohan, 2008). Aquellas decisiones que tienen un determinado riesgo implican un desconocimiento de información, que es propio del futuro, y que puede alterar el curso de acción del tomador de decisión dado que algunas decisiones son irrevocables e incorregibles (Simon & Lazaro, 1982), se puede decir que genera una distorsión al proceso cognoscitivo, lo cual crea un campo de acción perfecto para teorías que sean distintas a la racionalidad perfecta (Simon, 1979).

Una teoría formal de la toma de decisiones debería tomar la incertidumbre como su punto de partida y considerar el conocimiento preciso de los resultados como un caso especial (North, 1968), entendiendo que diferentes observadores tomarán decisiones diferentes, pues atribuirán a los sucesos probabilidades subjetivas también diferentes (Aguilar, 2004) que afectarán la teoría ya que el marco de referencia también incluye dichas probabilidades. Así, la relación entre las decisiones y sus fines, donde se tiene en cuenta la probabilidad, es el elemento clave al tomar una determinada acción (Simon & Lazaro, 1982), por lo tanto, no sería correcto afirmar que una optimización con un algoritmo universal sea la respuesta, sino que se debe tomar el cumplimiento de metas y objetivos a través de soluciones satisfactorias como la solución (Simon, 1979).

Sin embargo, no se puede afirmar que el cumplimiento de metas u objetivos sea en sí mismo racional pues, por ejemplo, el placer por las drogas o la estimulación eléctrica llevó a la muerte a algunos animales en experimentos (se presentan resultados similares con la cocaína en humanos) y, por supuesto, no puede considerarse una decisión racional el placer hasta morir; pero sí se considera racional un objetivo del tomador de decisiones como pudo ser la obtención de placer o mitigación de algún tipo de depresión, aunque se conozca que las personas estiman de forma baja los efectos viscerales que ellos experimentan o los sufridos por los demás luego de que éstos han sido satisfechos (Loewenstein, 1996).

Por lo tanto, los factores viscerales pueden modificar las expectativas de forma exponencial dando un mayor peso al presente que a lo que se pueda obtener en el futuro (Camerer, 1988), es decir que la tasa de intertemporal debe tener en consideración la insatisfacción, ya que estos comportamientos pueden incluso modificar los intereses comunes que tiene una determinada organización e incluso reforzar actitudes egoístas que pueden generar desequilibrios permanentes en las mismas (Olson, 1992; Loewenstein, 1996). Sin embargo, una despreocupación por el futuro manifestada conductualmente y visceralmente inducida considerada como un signo de irracionalidad, por ejemplo, el consumo de drogas o el beber en abundancia, no puede hacer pensar que las expectativas racionales temporales son solamente aquellas que tienen en consideración una serie de factores provenientes de una búsqueda de información racional, sino que también buscan satisfacer elementos viscerales de forma moderada (Elster, 1999).

Así, se puede decir que la esencia de una elección racional reside en predecir lo que se querrá en el futuro, derivado de la información o la necesidad, pero el intervalo de tiempo entre la elección y el consumo puede variar desde minutos, (ordenar en un restaurante) a horas (decidiendo ir al cine más tarde en la noche) a días (planeando un paseo de fin de semana) a meses (eligiendo qué cursar el próximo año) a años (comprar una casa) a décadas (tener un hijo) (Camerer, 1988); debido a esto, algunos teóricos afirman que en el corto plazo basta con evaluar las expectativas pero en el largo se debe tener en consideración más variables para que se hable de racionalidad ya que la información que se recopile en un lapso de tiempo mayor mejora el cálculo de probabilidades de los eventos al ser lejanos temporalmente (Kahneman, 2003).

Sin embargo, la evidencia empírica ha mostrado que el patrón *"olvido de la duración"* y evaluaciones máximo/final concuerdan con la hipótesis de que el episodio prolongado (conjunto ordenado de momentos) se representa en la misma forma que un momento característico de la experiencia, que sea atractivo o que genere rechazo; así las tasas intertemporales con función exponencial característica no sirven para modelar este patrón (Camerer, 1988; Kahneman, 2003). Al elegir se usa la utilidad recordada más elevada, entonces es probable que lleve a elecciones en las que no se maximice la utilidad que se experimentaría realmente.

Lo anterior ayuda a concluir que la tasa de descuento intertemporal tiene un valor único y dado forjado por el posible cumplimiento derivado de la elección futura para satisfacer las necesidades viscerales, o, en mayor medida, las expectativas generadas por la acumulación de información del agente. El valor está anclado, en las ocasiones en que ocurra, al patrón *"olvido de la duración"* o las evaluaciones máximo/final, y el criterio de comparación que utiliza el agente sufre variaciones en los valores de las elecciones del presente o del corto plazo, los cuales se modifican más rápidamente gracias al acceso a una información con mayor precisión o los heurísticos.

1.5 Acción

La teoría de la decisión tradicional se ocupa de analizar cómo una persona elige aquella acción que, de entre un conjunto de acciones posibles, le conduce al mejor resultado dadas sus preferencias que se han formado por la información disponible dentro del enmarque que ha realizado el agente, cabe aclarar que esta teoría no se preocupa por cómo se formaron tales preferencias de los agentes ni sus respectivas expectativas (Aguilar, 2004).

El enfoque de la teoría de elección racional, es decir la maximización de la utilidad, ilustra un poco sobre los procesos cognitivos, lo hace de forma estandarizada, viendo todos los eventos mentales como elecciones que conducen a acciones (Abitbol & Botero, 2005; Mantzavinos et al., 2004), sin embargo, se debe aclarar que contrario al supuesto central de la teoría del comportamiento, no todo el comportamiento es voluntario (Loewenstein, 1996). Así, se puede distinguir en primer lugar la idea más compleja de 'elección racional', aquella acción deliberada que mantiene la justa de relación entre los deseos, las creencias, los factores viscerales y los diversos conjuntos de información de un agente y sus expectativas. En segundo lugar, se encuentran las acciones que se sustentan en una 'elección mínima', un tipo de acción deliberada que puede relacionarse con las elecciones que se han guardado en la memoria a través de la repetición y aprendizaje. Y, por último, la 'acción sin elección', una acción deliberada que es insensible a los cambios en la estructura de la recompensa asociada al sistema de intuición. (Elster, 1999).

Por lo tanto, el modelo de elección racional presupone tres niveles distintos de optimización. En primer lugar, para que una acción sea racional tiene que ser la mejor manera de satisfacer los deseos del agente dadas sus creencias y expectativas; en segundo lugar, es preciso establecer que las creencias mismas sean también racionales, en el sentido de que estén basadas en la información disponible para el agente dentro de su marco lógico de referencia; en el tercer nivel de optimización, el agente debería adquirir una cantidad óptima de información, o dicho con mayor precisión, invertir una cantidad optima de tiempo, energía y dinero en recoger dicha información para lograr una maximización efectiva (Elster, 1999).

El proceso de elección que se desarrolla en este documento se concentra en la elección racional, es decir que es la elección de una acción intencional que está causada por razones que a su vez se compone de deseos, creencias e interpretaciones derivadas de la información disponible (Abitbol & Botero, 2005). Para llevar a cabo una determinada elección de cierta acción, se usa el valor de decisión, el cual es función de la razón, que es una valoración de referencia y sirve para generar las valoraciones iniciales o naturales de diferentes estímulos que se convierten en buenos o malos. Estas últimas valoraciones sirven como la premisa fáctica la cual es parte fundamental de toda propuesta para realizar una decisión, principalmente aquellas en las que se hacen necesarias la secuencias y son el punto de partida del enunciado de *'aceptación pasiva'* que consiste en la admisión de los juicios de valor o las acciones mientras se van indicando una a una puesto que la agrupación de varios valores de decisión es una actividad que requiere un alto costo para el sistema cognitivo (Kahneman, 2003; North, 1968; Simon & Lazaro, 1982; Tversky, & Kahneman, 1981).

Se debe agregar que, las múltiples acciones de un mismo agente no necesariamente deben tener una coherencia racional entre sí; cada quien puede tener deseos incompatibles en un momento dado o entre distintos momentos de su vida (Abitbol & Botero, 2005). Algunos de estos fallos pueden explicarse por expresiones afectivas que no se ajustarían a la lógica de las preferencias económicas (Kahneman, 2003); por el tamaño de del grupo o el efecto de un bien colectivo (Olson, 1992); por sesgo de sobreconfianza, definido como la diferencia entre lo estimado y lo observado, que afecta el valor de referencia de las valoraciones (Cortada de Kohan, 2008); por los factores viscerales, caracterizados en primer lugar por un impacto directo placentero al ser satisfecho y en segundo lugar por una influencia en el deseo relativo por diferentes bienes y acciones (pero importantes porque regulan el comportamiento y permiten mantener una calidad de vida por ejemplo con la sensación de hambre cuando se necesitan nutrientes) que pueden afectar la coherencia racional debido a las ansias asociadas a la adicción a drogas, estados de accionar como hambre, sed y deseo sexual, estados de ánimo y emociones, y dolor físico (Loewenstein, 1996); y por último cualidades como la amabilidad, escrupulosidad, estabilidad emocional, intelecto, imaginación (Visser & Roelofs, 2011).

En lo que corresponde a las adicciones un elemento que ha sido tema de controversia en la teoría de la elección normativa, se afirma que pueden afectar la coherencia racional de la elección de la acción que satisface las expectativas dentro de un conjunto de información racional. La definición básica de adicción es que una persona es potencialmente adicta a un bien 'B' si un incremento en su consumo actual de 'B' incrementa su consumo futuro de 'B'. Las adicciones racionales perjudiciales definidas como aquellas en las que se conocen de antemano las consecuencias negativas que tienen, implican una forma de tolerancia; consumos anteriores tienen un nivel de utilidad mayor comparado con un mismo nivel de consumo actual, y que para alcanzar el nivel de utilidad similar al del pasado se requiere aumentar el consumo, es decir un estado de inestabilidad. Las adicciones son un factor complejo porque surgen de una elección y acción voluntaria que pueden influir tanto como un factor visceral pero que surgió de un curso de acción o decisión como cualquier otro proceso similar, de ahí que se hace necesaria una observación minuciosa sobre este aspecto (Becker & Murphy, 1988).

1.6 Cómputo y utilidad

Elegir la acción que hará cumplir las expectativas que se tienen sobre determinada premisa es el momento más importante del proceso de toma de decisiones, pues la forma en la cual se realiza la elección proporciona el nivel de utilidad o satisfacción que alcanzará el agente.

La utilidad debe ser vista como una descripción general de lo que el deseo significa en un proceso de decisión no como una medida de éste, tampoco puede separarse de los factores emocionales ni perceptivos viscerales; esto quiere decir que el agente económico no solo busca encontrar el mayor nivel de felicidad en el momento presente, sino que también busca que la acción que ha emprendido le proporcione una felicidad similar en el futuro o, lo que es lo mismo, una utilidad esperada (Abitbol & Botero, 2005; Kahneman, 2003).

Para la visión ortodoxa, los agentes racionales maximizan la utilidad o felicidad desde sus preferencias estables mientras intentan anticipar las consecuencias futuras de sus acciones para que la utilidad sea máxima en todo momento del tiempo (Becker &

Murphy, 1988); esto requiere suponer que las capacidades de cálculo del agente son perfectas y no se ven opacadas por la relación medios-a-fin, que tiende a oscurecer el papel del elemento tiempo en la toma de decisiones (Simon & Lazaro, 1982). No obstante, una definición que encuadra mejor con la descripción que se ha realizado del proceso de decisión dice que ser racional significa que uno no tiene razón para pensar, después de haber seleccionado una acción para actuar, que se debería haber operado de manera diferente basándose en el marco lógico de referencia, donde se incluye la información disponible y las expectativas que se ha generado para tomar un determinado curso de acción con base en las preferencias (Camerer, 1988; Elster, 1999). Por lo anterior, las formas en las cuales un tomador de decisión puede ser racional están dadas por encontrar soluciones óptimas para un mundo con supuestos muy fuertes y poco prácticos o por encontrar soluciones satisfactorias para un mundo más realista, donde se proponen una serie de objetivos a cumplir basados en intereses individuales o colectivos; la búsqueda de las soluciones satisfactorias está dada a través de la selección de una acción, entre varias, que alcanza un valor decisional (Simon, 1979).

La evaluación que permite encontrar las soluciones satisfactorias puede realizarse a través de la lógica de la comparación histórica basada en similitudes, lo que se puede definir así: después de un período t_0, es decir, después de haber aprendido a través de la interacción con una situación similar, la percepción mental interpreta los resultados de la situación a la que se enfrenta en el presente, o el período t_1, sobre la base de los modelos generados t_0. (Camerer, 1988; Mantzavinos et al., 2004). Pero este procedimiento a menudo puede conducir a errores, ya que el agente en muchos casos no puede o no quiere calcular formalmente las probabilidades en cualquier periodo t. Dado esto, el descarte de las opciones menos satisfactorias es un procedimiento racional en el sentido que busca, precisamente, la eficiencia operacional conociendo los riesgos resultantes debido al conocimiento imperfecto y la falibilidad (Cortada de Kohan, 2008; Oliva, 2018; Schiiro, 2012).

Sin embrago, se sospecha, gracias a la evidencia empírica, que algunas decisiones recurrentes en el mundo real se enmarcan de forma independiente a pesar de posibles similitudes, y que el orden de preferencia a menudo se revertiría, por ejemplo, ante la presencia de altos niveles de factores viscerales al momento de realizar la comparación histórica (Tversky, & Kahneman, 1981, Loewenstein, 1996). Incluso se observa que existe una diferencia cuando sólo se evalúa un bien y cuando se valoran varios bienes simultáneamente (Kahneman, 2003) debido a que la complejidad de los problemas prácticos de las decisiones simultáneas evitaría que las personas integraran opciones sin ayudas computacionales o heurísticos, incluso si estuvieran dispuestos a hacerlo, por el rendimiento computacional requerido (Tversky, & Kahneman, 1981; Schiiro, 2012).

Cuando una solución producida sobre la base del modelo mental anterior no ha tenido éxito en ser satisfactoria, un individuo emplea analogías de una manera casi automática. Si estas estrategias tampoco resuelven el problema, entonces el individuo se ve obligado a volverse creativo, es decir, a formar nuevos modelos mentales y probar nuevas soluciones que no pueden definirse dentro de las reglas de decisión que se han estudiado en las diferentes ciencias sociales. (Mantzavinos et al., 2004).

2. Fundamentos del álgebra booleana

En 1849, George Boole presentó una formulación algebraica de los procesos del pensamiento y razonamiento lógico en su obra *An Investigation of the Laws of Thought on Which are Founded the Mathematical Theories of Logic and Probabilities*. Esta formulación se conoce como álgebra booleana, donde se esquematiza las operaciones lógicas (Casanova, 1998; Floyd, Caño, & Turisi, 1997; Nelson, Nagle, Carroll, & Irwin, 1999).

La descripción básica de la formulación del álgebra booleana se basa en la teoría de conjuntos, donde se define formalmente un álgebra booleana como un conjunto matemático distributivo y complementado, que cuenta con dos operaciones: una de suma y otra de producto. Las operaciones están definidas dentro del sistema binario, lo cual diferencia al álgebra booleana del álgebra ampliamente utilizada y conocida, donde se utiliza un sistema de numeración decimal.[1]

2.1 Axiomas

A continuación se presentan los axiomas básicos del álgebra booleana. La presentación que se realiza en esta sección está basada principalmente en (Nelson et al., 1999) y (Whitesitt, 2012). Estos axiomas permiten el planteamiento de teoremas que simplifican la forma en la cual es posible trabajar con este tipo de álgebra sin la necesidad de profundizar en las operaciones de sistema binario o recurrir al uso de teoría de conjuntos. Sin embargo, se invita al lector que desee profundizar en la justificación de los axiomas a que consulte los dos textos mencionados anteriormente.

---

[1] En el sistema de numeración binaria solo se utilizan los dígitos 1 y 0, mientras que en el sistema de numeración decimal los dígitos usados para sus operaciones son 0,1,2,3,4,5,6,7,8,9.

2.1.1 Definición

Un álgebra booleana es un sistema algebraico cerrado formado por un conjunto K de dos o más elementos y los dos operadores • llamado AND, asociado a la multiplicación y + llamado OR, asociado a la suma.

2.1.2 Existencia de los elementos 1 y 0

En el conjunto K existen elementos 1 (uno) y 0 (cero), únicos, tales que para todo α en K

$$a. \quad \alpha + 0 = \alpha$$
$$b. \quad \alpha \cdot 1 = \alpha$$

donde 0 es el elemento neutro para la operación + y 1 es el elemento neutro para la operación •.

2.1.3 Conmutatividad de las operaciones • y +

Para todo α y β en el conjunto K

$$a. \quad \alpha + \beta = \beta + \alpha$$
$$b. \quad \alpha \cdot \beta = \beta \cdot \alpha$$

En otras palabras, el axioma explica que, para los operadores AND y OR, el orden de los factores no altera el producto obtenido.

2.1.4 Asociatividad de las operaciones + y •

Para todo α, β y γ en el conjunto K

$$a. \quad \alpha + (\beta + \gamma) = (\alpha + \beta) + \gamma$$
$$b. \quad \alpha \cdot (\beta \cdot \gamma) = (\alpha \cdot \beta) \cdot \gamma$$

Lo cual enuncia que el resultado de la operación AND y OR es equivalente independientemente de los grupos construidos para la resolución de una determinada operación.

2.1.5 Distributividad de las operaciones + sobre • y de • sobre +

Para todo α, β y γ en el conjunto K

$$a. \quad \alpha + (\beta \bullet \gamma) = (\alpha + \beta) \bullet (\alpha + \gamma)$$
$$b. \quad \alpha \bullet (\beta + \gamma) = (\alpha \bullet \beta) + (\alpha \bullet \gamma)$$

La parte b. del axioma puede entenderse desde el álgebra tradicional como la factorización. Sin embargo, la parte a. debe ser vista como un caso similar, pero teniendo en cuenta su operador propio, es decir que se distribuye sobre el +, lo cual es posible gracias a la teoría de conjuntos.

2.1.6 Existencia del complemento

Para todo α en el conjunto K existe un único elemento llamado $\bar{\alpha}$ (complemento de α) tal que, en K

$$a. \quad \alpha + \bar{\alpha} = 1$$
$$b. \quad \alpha \bullet \bar{\alpha} = 0$$

2.2 Teoremas

A partir de los axiomas anteriores se pueden deducir los siguientes teoremas que ayudan a la simplificación y operatividad sistemática (Casanova, 1998; Nelson et al. 1999; Whitesitt, 2012). Para consultar las demostraciones de cada teorema puede encontrarse en el anexo A

2.2.1 Idempotencia

Este teorema consiste en la propiedad de hacer una determinada acción varias veces y aun así conseguir el mismo resultado (Nelson et. al, 1999).

$$a. \quad \alpha + \alpha = \alpha$$
$$b. \quad \alpha \bullet \alpha = \alpha$$

2.2.2 Elementos neutros para los operadores + y •

Existe un número, para cada operador, tal que se obtiene un 1 para la operación OR y un cero para la operación AND.

$$a. \quad \alpha + 1 = 1$$

$$b. \quad \alpha \bullet 0 = 0$$

2.2.3 Involución

Es la función matemática que es su propia inversa (Floyd et al., 1997)

$$\bar{\bar{\alpha}} = \alpha$$

2.2.4 Absorción

En el caso de este teorema no se puede encontrar un símil en el álgebra tradicional. Se define así (Casanova, 1998; Nelson et al., 1999)

$$a. \quad \alpha + (\alpha \bullet \beta) = \alpha$$

$$b. \quad \alpha \bullet (\alpha + \beta) = \alpha$$

Los siguientes tres teoremas son similares en cuanto al propósito de elaborar una expresión booleana lo más corta posible.

2.2.5 Simplificación 1

$$a. \quad \alpha + (\bar{\alpha} \bullet \beta) = \alpha + \beta$$

$$b. \quad \alpha \bullet (\bar{\alpha} + \beta) = \alpha \bullet \beta$$

2.2.6 Simplificación 2

$$a. \quad (\alpha \bullet \beta) + (\alpha \bullet \bar{\beta}) = \alpha$$

$$b. \quad (\alpha + \beta) \bullet (\alpha + \bar{\beta}) = \alpha$$

2.2.7 Simplificación 3

$$a. \quad (\alpha \bullet \beta) + (\alpha \bullet \bar{\beta} \bullet \gamma) = (\alpha \bullet \beta) + (\alpha \bullet \gamma)$$

$$b. \quad (\alpha + \beta) \bullet (\alpha + \bar{\beta} + \gamma) = (\alpha + \beta) \bullet (\alpha + \gamma)$$

2.2.8 DeMorgan

Este teorema es la base operacional que permite determinar el complemento de una expresión booleana.

$$a. \quad \overline{(\alpha + \beta)} = \bar{\alpha} \bullet \bar{\beta}$$

$$b. \quad \overline{(\alpha \bullet \beta)} = \bar{\alpha} + \bar{\beta}$$

Se puede generalizar el teorema DeMorgan así:

$$a. \quad \overline{(\alpha + \beta + \cdots + \omega)} = \bar{\alpha} \bullet \bar{\beta} \bullet \ldots \bullet \bar{\omega}$$

$$b. \quad \overline{(\alpha \bullet \beta \bullet \ldots \bullet \omega)} = \bar{\alpha} + \bar{\beta} + \cdots + \bar{\omega}$$

La regla para complementar una expresión es reemplazar cada operador + (OR) por un operador • (AND) y viceversa, además de reemplazar cada variable por su complemento. Se debe tener presente la regla de precedencia de los operadores donde el operador • (AND) tiene precedencia sobre el operador + (OR). (Nelson et al., 1999).

2.2.9 Consenso

$$a. \quad (\alpha \bullet \beta) + (\bar{\alpha} \bullet \gamma) + (\beta \bullet \gamma) = (\alpha \bullet \beta) + (\bar{\alpha} \bullet \gamma)$$

$$b. \quad (\alpha + \beta) \bullet (\bar{\alpha} + \gamma) \bullet (\beta + \gamma) = (\alpha + \beta) \bullet (\bar{\alpha} + \gamma)$$

La clave para usar este teorema es un elemento y su complemento, encontrar los términos asociados, y eliminar el término incluido, denominado consenso, el cual se compone de los términos asociados. Este teorema facilita la implementación de los algoritmos de minimización de expresiones booleanas que se explicarán más adelante (Nelson et al., 1999).

2.3 Función Booleana

Una función booleana de n variables es una aplicación

$$f: \{0,1\}^n \rightarrow \{0,1\}$$

Es decir que dentro del dominio de la función se encuentran todos los números naturales más el cero, pero deben estar expresados en base binaria. Su conjunto de llegada serán exclusivamente los números 0 y 1. (Casanova, 1998; Nelson et al., 1999; Whitesitt, 2012)

Como hay n variables cuyo valor es 0 o 1, hay 2^n maneras de asignar estos valores. Además, existen dos valores posibles para la función $f(\cdot)$. Por tanto, hay 2^{2^n} diferentes funciones de orden o conmutación de la función booleana. A continuación se presentan algunos ejemplos para ilustrar la asignación de valores

Si *n = 1*, las cuatro funciones de la variable *A* son:

$$f_0 = 0 \qquad f_2 = A$$

$$f_1 = \bar{A} \qquad f_3 = 1$$

Se deducirá las *16* funciones de dos variables de *A* y *B*. Se define $f(A, B)$ como sigue:

$$f_i(A, B) = i_3(A \bullet B) + i_2(A \bullet \bar{B}) + i_1(\bar{A} \bullet B) + i_0(\bar{A} \bullet \bar{B})$$

Donde $i_{10} = (i_3 i_2 i_1 i_0)_2$ adopta los valores binarios 0000, 0001, 0010, ... 1111. Las *16* funciones resultantes, aplicando los teoremas descritos previamente definidos, son:

1. $f_0(A, B) = 0$
2. $f_1(A, B) = (\bar{A} \bullet \bar{B})$
3. $f_2(A, B) = (\bar{A} \bullet B)$
4. $f_3(A, B) = (\bar{A} \bullet B) + (\bar{A} \bullet \bar{B}) = \bar{A}$
5. $f_4(A, B) = (A \bullet \bar{B})$
6. $f_5(A, B) = (A \bullet \bar{B}) + (\bar{A} \bullet \bar{B}) = \bar{B}$
7. $f_6(A, B) = (A \bullet \bar{B}) + (\bar{A} \bullet B)$
8. $f_7(A, B) = (A \bullet \bar{B}) + (\bar{A} \bullet B) + (\bar{A} \bullet \bar{B}) = \bar{A} + \bar{B}$
9. $f_8(A, B) = (A \bullet B)$
10. $f_9(A, B) = (A \bullet B) + (\bar{A} \bullet \bar{B})$
11. $f_{10}(A, B) = (A \bullet B) + (\bar{A} \bullet B)$
12. $f_{11}(A, B) = (A \bullet B) + (\bar{A} \bullet B) + (\bar{A} \bullet \bar{B}) = \bar{A} + B$
13. $f_i(A, B) = (A \bullet B) + (A \bullet \bar{B}) = A$
14. $f_{13}(A, B) = (A \bullet B) + (A \bullet \bar{B}) + (\bar{A} \bullet \bar{B}) = A + \bar{B}$
15. $f_{14}(A, B) = (A \bullet B) + (A \bullet \bar{B}) + (\bar{A} \bullet B) = A + B$
16. $f_{15}(A, B) = (A \bullet B) + (A \bullet \bar{B}) + (\bar{A} \bullet B) + (\bar{A} \bullet \bar{B}) = 1$

Al evaluar cada una de estas funciones para cada combinación de *A* y *B*, se obtiene los datos que se presentan en la tabla 2-1 (Nelson et al., 1999). La tabla resume todos los posibles resultados que podrían presentarse de la combinación de valores que toman las variables *A* y *B*. Estas funciones son parte fundamental de la construcción de la idea de *'Tabla de Verdad'* que es un elemento central en el álgebra booleana.

Tabla 2-1:   Dieciséis funciones de dos variables.

A	B	f_0	f_1	f_2	f_3	f_4	f_5	f_6	f_7	f_8	f_9	f_{10}	f_{11}	f_{12}	f_{13}	f_{14}	f_{15}
0	0	0	0	0	0	0	0	0	0	1	1	1	1	1	1	1	1
0	1	0	0	0	0	1	1	1	1	0	0	0	0	1	1	1	1
1	0	0	0	1	1	0	0	1	1	0	0	1	1	0	0	1	1
1	1	0	1	0	1	0	1	0	1	0	1	0	1	0	1	0	1

Tomado de (Nelson et al., 1999) Análisis y diseño de circuitos lógicos digitales.

2.4 Tablas de Verdad

Si se evalúa una función de conmutación para todas las posibles combinaciones de entradas y se presentan los resultados como una tabla, se obtendrá una representación única de la función que se denomina *tabla de verdad.*

Como se definió en los axiomas, los operadores del álgebra booleana para los cuales se comprobaron los diferentes teoremas son los operadores AND (•) y OR (+). En la tabla 2-1, las diferentes funciones de conmutación permiten descubrir cómo es la estructura de operatividad de los distintos operadores lógicos y expresarlo en una única tabla de verdad que corresponde a cada función de conmutación. De esta forma se obtiene la tabla básica del operador AND y del operador OR.

En la tabla 2-2 se presentan las tablas de verdad de los operadores AND y OR, además se define la función NOT como el complemento de la variable original y se presenta su tabla de verdad (Casanova, 1998; Floyd et al., 1997; Nelson et al., 1999; Whitesitt, 2012).

Tabla 2-2:   Tablas de verdad para cada una de las funciones.

Función AND				Función OR				Función NOT (Complemento)	
A	B	$f(A,B) = A \cdot B$		A	B	$f(A,B) = A + B$		A	$f(A)$
0	0	0		0	0	0		0	1
0	1	0		0	1	1		1	0
1	0	0		1	0	1			
1	1	1		1	1	1			

La tabla 2-2 ilustra el resultado de las funciones AND y OR cuando se tienen solamente dos variables, sin embargo, puede verse cómo se lograría obtener un resultado de 1 o 0 y podría ampliarse los resultados en caso de requerir una mayor cantidad de variables.

Ahora bien, las tablas de verdad no siempre presentan resultados que rápidamente puedan identificarse a una sola función AND u OR, entonces se recurre a las formas SOP (suma de productos) o POS (producto de sumas), estas son denominadas *Formas Canónicas,* y son únicas de cada función de conmutación. (Nelson et al., 1999).

Para construir una forma canónica SOP se recurre a los *mintérminos,* los cuales corresponden a los números 1 que se encuentran en una tabla de verdad respectiva. Cuando el resultado de un 1 corresponde a un producto donde se encuentra una o más variables con un 0, se escribirá su respectivo complemento. En la tabla 2-3 se utilizará un ejemplo de una tabla de verdad de tres variables donde se presentan explícitamente los mintérminos. Es importante recordar que el orden de los mintérminos está relacionado con el orden que tienen las variables y que deberán conservar el mismo para que la forma canónica que resulte del proceso sea la que corresponde. (Floyd et al., 1997; Nelson et al., 1999; Whitesitt, 2012).

Tabla 2-3: Ejemplo tabla de verdad.

Fila número decimal (i)	ENTRADAS			SALIDAS $f_\alpha(A,B,C)$	COMPLEMENTO $\overline{f}_\alpha(A,B,C)$
	A	B	C		
0	0	0	0	0	1 ⟵ m_0
1	0	0	1	0	1 ⟵ m_1
2	0	1	0	1 ⟵ m_2	0
3	0	1	1	1 ⟵ m_3	0
4	1	0	0	0	1 ⟵ m_4
5	1	0	1	0	1 ⟵ m_5
6	1	1	0	1 ⟵ m_6	0
7	1	1	1	1 ⟵ m_7	0

Para construir la función canónica SOP que corresponde a la tabla 2-3 se debe ubicar los números 1 y relacionarlos con su respectiva posición decimal equivalente al número en base binaria en el cual se encuentra el mintérmino. Como la opción que se ha tomado es la SOP, la forma de la función deberá ser la suma de cada uno; además, por ejemplo, en el mintérmino m_6 el número 1 se consigue con un número 0 en la variable C, entonces la forma funcional de ese mintérmino deberá incluir al complemento de dicha variable. El proceso para construir la forma canónica puede expresarse así

$$f_\alpha(A,B,C) = \sum m(2,3,6,7)$$

$$f_\alpha(A,B,C) = m_2 + m_3 + m_6 + m_7$$

$$f_\alpha(A,B,C) = \bar{A}B\bar{C} + \bar{A}BC + AB\bar{C} + ABC$$

La columna complemento que se presentó muestra que cada mintérmino dentro de una tabla de verdad debe pertenecer a la forma canónica o a la forma canónica complementaria, es decir que las funciones son mutuamente excluyentes y que ninguna posición o número binario debe quedarse por fuera de alguna de estas. (Nelson et al., 1999)

En lo correspondiente a la forma POS puede demostrarse, gracias a los diferentes teoremas del álgebra booleana, que equivale al producto de los números binarios que correspondan a los ceros en la columna de Salida que se encuentren en la tabla de verdad, a los cuales se les denominan maxtérminos; además que el valor de las variables se considera 0 y se pondrá el complemento cuando exista un 1. Es decir que para la tabla 2-3 se tiene (Floyd et al., 1997; Nelson et al., 1999)

$$f_\alpha(A, B, C) = \sum m(2,3,6,7) = \prod M(0,1,4,5)$$

$$f_\alpha(A, B, C) = \bar{A}B\bar{C} + \bar{A}BC + AB\bar{C} + ABC = (A + B + C) \bullet (A + B + \bar{C}) \bullet (\bar{A} + B + C) \bullet (\bar{A} + B + \bar{C})$$

2.5 Mapas de Karnaugh

Las funciones canónicas de una respectiva tabla de verdad en ocasiones pueden ser demasiado extensas y ser difíciles de comprender. En general, por los diferentes usos que tiene el álgebra booleana, se busca simplificar las expresiones canónicas para reducir costos y obtener un diseño más limpio.

Uno de los algoritmos de reducción más utilizados son los mapas de Karnaugh. Estos diagramas permiten la simplificación de funciones canónicas de hasta seis variables y, con el correcto uso del algoritmo, se puede encontrar la solución óptima. El procedimiento se basa en la elaboración de cuadros con tantas subdivisiones como posibles resultados tenga una respectiva tabla de verdad y asignar a cada espacio un mintérmino correspondiente. A continuación, en la figura 2-1 se presentará la relación entre el mapa de Karnaugh y una tabla de verdad de dos variables. (Nelson et al., 1999; Whitesitt, 2012)

Como pude observarse, una de las variables va en las filas y la otra en las columnas con sus respectivos posibles valores, en los cruces de cada uno se colocaría cada uno de los mintérminos en el caso de las formas SOP y se agruparán en cuadros o rectángulos pero que conserven un tamaño que cumpla la forma 2^n. De forma similar se realiza para las tablas con más variables pero el ordenamiento de los mintérminos varía de acuerdo con la cantidad. (Whitesitt, 2012).

Figura 2-1:   Elaboración de un Mapa de Karnaugh para dos variables.

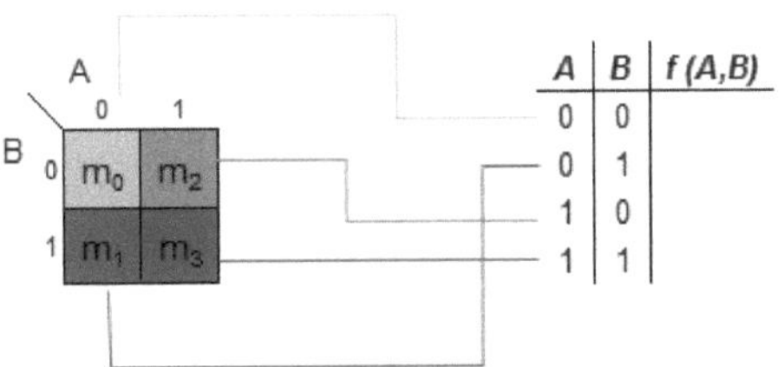

Para ejemplificar una solución se elaborará el mapa de Karnaugh para la tabla 2-3 que es la tabla de verdad que se ha tomado como ejemplo para una función SOP o función canónica. Recordando la función canónica obtenida en el ejemplo,

$$f_\alpha(A, B, C) = \bar{A}B\bar{C} + \bar{A}BC + AB\bar{C} + ABC$$

Como en dicho ejemplo se tienen tres variables, se presentará el ordenamiento que se debe realizar para esta combinación en su respectivo mapa se presenta en la figura 2-2. Posteriormente se desarrolla el algoritmo y se presenta la solución. (Nelson et al., 1999)

Figura 2-2:   Mapa de Karnaugh de la tabla 2-3.

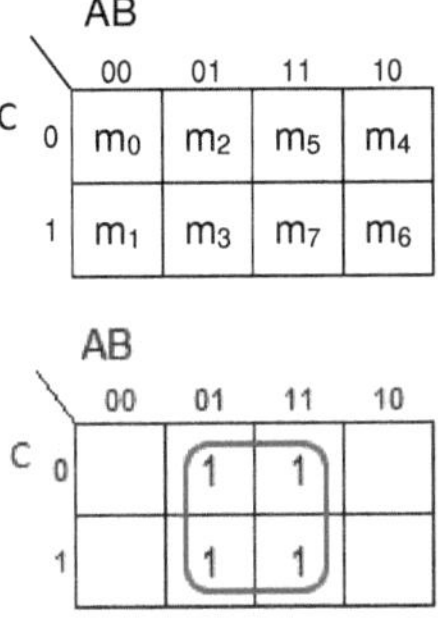

En este caso, la agrupación de mintérminos pudo realizarse en forma de cuadrado con dimensión 4 que es igual a 2^2 lo cual cumple con la regla para la forma. Para deducir la forma canónica reducida se debe observar cuál o cuáles variables tienen el valor 1 y 0, ubicados alrededor del cuadro o rectángulo, es decir los números más pequeños que muestra la figura, para eliminarlas y escribir el producto con las restantes; si existen más de dos cuadros o rectángulos que se formen en el mismo mapa, deberán unirse entre sí con el operador + para conservar la forma SOP. En el caso en el que los mintérminos se encuentren en alguno de los bordes del mapa, podrá agruparse, de ser el caso, con los mintérminos que se encuentren en el otro borde (Nelson et al., 1999; Whitesitt, 2012).

Respecto del mapa anterior, se observa que existe un solo cuadro, entonces la función reducida solo constará de un término; como la variable A y la variable C tienen los valores 1 y 0 en el mismo cuadro deben eliminarse del único término resultante de este ejemplo, es decir que la función reducida queda así

$$f_\alpha(A, B, C) = B$$

La variable B no se escribe en su forma negada ya que el valor que tiene dentro del cuadro es de 1; si éste fuese de 0 deberá escribirse la variable negada ya que sólo tiene un complemento por definición en los axiomas álgebra booleana. La función canónica reducida comprueba que en la tabla de verdad del ejemplo la única variable que hace cambiar el resultado es la B ya que las otras dos variables pueden tener valores de 1 y 0 y no cambian el resultado final.

El Mapa de Karnaugh funciona gracias a la serie de axiomas y teoremas que ya se han especificado previamente y aseguran que la expresión encontrada sea mínima. Si un diseñador desea trabajar con los axiomas y teoremas por su cuenta, sin recurrir a los mapas, podría llegar a la misma conclusión, pero deberá ser muy cuidadoso en la correcta simplificación.

La forma en la cual se deben colocar los mintérminos para la simplificación de cuatro, cinco y seis variables se presenta en la figura 2-3. Se observa que la dificultad de ordenamiento y simplificación aumenta a medida que se agrega una variable (Nelson et al., 1999).

Figura 2-3:   Mapa de Karnaugh para cuatro, cinco y seis variables.

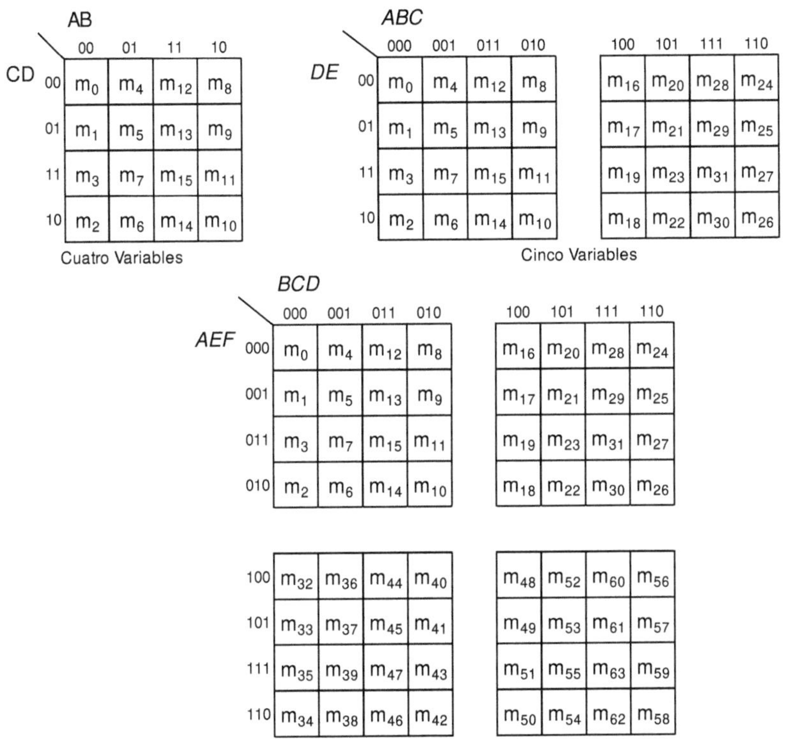

Tomado de (Nelson et al., 1999) Análisis y diseño de circuitos lógicos digitales.

Si se desea trabajar con forma canónica POS deberá sustituirse los mintérminos por los maxtérminos, es decir con los 0 (ceros), y realizar el mismo algoritmo descrito previamente con la variación de que cada cuadro o rectángulo obtenido será colocado en forma de suma y la agrupación de varios irá en forma de producto. (Casanova, 1998; Floyd et al., 1997; Nelson et al., 1999; Whitesitt, 2012)

2.6 Operadores

Si bien es cierto que los mapas de Karnaugh permiten encontrar la expresión canónica óptima para una determinada tabla de verdad, existen ciertos resultados muy específicos que se asocian a operadores definidos como por ejemplo AND u OR. Cada operador cuenta con un símbolo que se denomina *compuerta* que varía según la normativa que lo rija usada generalmente para el diseño de circuitos lógicos electrónicos (Nelson et al., 1999).

2.6.1 AND

El comportamiento de este operador consiste en entregar un 1 en la columna de resultado siempre que todas las variables involucradas sean iguales a 1. Previamente se ha presentado la tabla de verdad para dos variables en la tabla 2-2, por tanto, se ilustrará para tres variables. (Nelson et al., 1999)

Figura 2-4:   Tabla de verdad y símbolos para la compuerta AND.

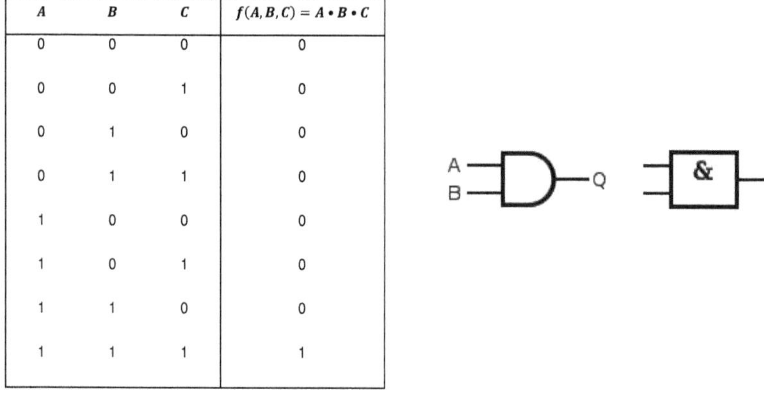

A	B	C	$f(A,B,C) = A \cdot B \cdot C$
0	0	0	0
0	0	1	0
0	1	0	0
0	1	1	0
1	0	0	0
1	0	1	0
1	1	0	0
1	1	1	1

2.6.2 NAND

El operador NAND consiste en una compuerta AND cuya salida es operada por la función NOT, generando así una tabla de verdad totalmente contraria. La figura 2-5 presenta la tabla de verdad para tres variables y sus símbolos. (Nelson et al., 1999)

Figura 2-5:   Tabla de verdad y símbolos para la compuerta NAND.

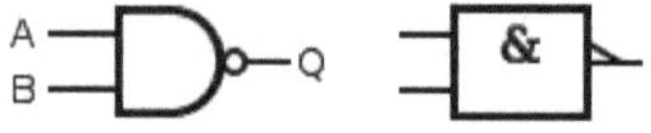

A	B	C	$f(A,B,C) = \overline{A \cdot B \cdot C}$
0	0	0	1
0	0	1	1
0	1	0	1
0	1	1	1
1	0	0	1
1	0	1	1
1	1	0	1
1	1	1	0

2.6.3 OR

El operador OR también ha sido explicado previamente, dado que junto con AND son la base del funcionamiento del álgebra booleana. Este operador se puede ampliar a más variables de entrada ya que entregará un 1 siempre que al menos una variable tenga dicho valor. (Nelson et al., 1999)

Figura 2-6:	Tabla de verdad y símbolos para la compuerta OR.

A	B	C	$f(A,B,C) = A + B + C$
0	0	0	0
0	0	1	1
0	1	0	1
0	1	1	1
1	0	0	1
1	0	1	1
1	1	0	1
1	1	1	1

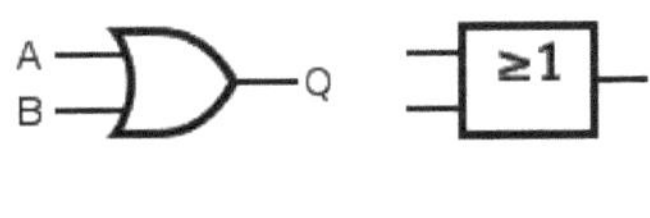

2.6.4 NOR

El operador NOR opera similar al operador NAND, ya que la salida es modificada por la función NOT, generando así una tabla de verdad contraria a la OR. La figura 2-5 presenta la tabla de verdad para tres variables y sus símbolos. (Nelson et al., 1999)

Figura 2-7:   Tabla de verdad y símbolos para la compuerta NAND.

A	B	C	$f(A,B,C) = A + B + C$
0	0	0	1
0	0	1	0
0	1	0	0
0	1	1	0
1	0	0	0
1	0	1	0
1	1	0	0
1	1	1	0

2.6.5 XOR

Este operador es diferente a los que se han mostrado a lo largo de este documento. Se define de forma funcional como

$$f_{XOR}(A, B) = A \oplus B = \bar{A}B + A\bar{B}$$

La salida de la compuerta XOR u OR exclusiva es 1 solo cuando sus entradas no son iguales simultáneamente, es decir que sus salidas son diferentes. Se puede generalizar para tablas con más variables al decir que el resultado será un 1 cuando la cantidad de valores 1 sea impar, en caso contrario será cero. (Nelson et al., 1999)

Figura 2-8:   Tabla de verdad y símbolos para la compuerta XOR.

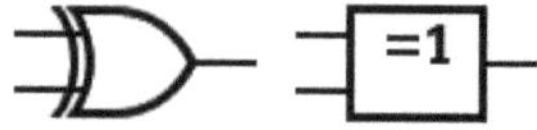

A	B	C	$f(A,B,C) = A \oplus B \oplus C$
0	0	0	0
0	0	1	1
0	1	0	1
0	1	1	0
1	0	0	1
1	0	1	0
1	1	0	0
1	1	1	1

2.6.6 XNOR

La función XNOR, también conocida como NOR exclusiva, está definida como la operación complemento de XOR.

$$f_{XNOR}(A,B) = \overline{A \oplus B} = A \odot B$$

Al ser complemento de la operación XOR, entregará un 1 en aquellos lugares en los que la cantidad de 1 que tengan las variables sean una cantidad par. (Nelson et al., 1999)

Figura 2-9: Tabla de verdad y símbolos para la compuerta XNOR.

A	B	C	$f(A,B,C) = A \odot B \odot C$
0	0	0	1
0	0	1	0
0	1	0	0
0	1	1	1
1	0	0	0
1	0	1	1
1	1	0	1
1	1	1	0

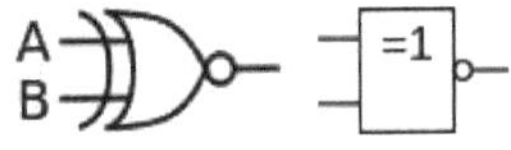

3. Propuesta de un modelo de decisión a partir del álgebra booleana

En las secciones anteriores del documento se ha desarrollado algunas áreas de estudio de la teoría de la decisión con un enfoque descriptivo en lugar de un enfoque normativo, contrario a lo tradicionalmente estudiado en las ciencias económicas; y el álgebra booleana como un espacio vectorial con sus propios operadores y funciones características que ha servido de herramienta en áreas como la electrónica o la lógica matemática.

Se encontraron dos estudios realizados donde se pone de manifiesto una posible relación existente entre la decisión y el álgebra booleana, estos estudios fueron los realizados por Charles Ragin en 1999 (Ragin, 1999) y por Kono y Yamashita en 2003 (Kono & Yamashita, 2003). El primer estudio propone una metodología de investigación en las ciencias sociales, principalmente en el campo de la sociología, donde se sugiere el uso de tablas de verdad para hacer estudios basados en la eliminación de casos. El documento que presenta Kono y Yamashita es un trabajo que aplica la metodología propuesta por Ragi, junto con la lógica difusa, que busca encontrar los elementos principales que influyen al momento de decidir la academia en la cual se cursará la educación superior; sin embargo, ninguno de los dos estudios ha abordado una noción que involucre a la ciencia económica y se han limitado al planteamiento de tablas de verdad, sin abordar otros elementos del álgebra booleana.

Una propuesta que busque modelar el proceso de toma de decisiones debe tener en consideración que éste se desarrolla tomando como punto de partida la información que un determinado agente posee sobre la interpretación de la realidad lo cual genera un sistema de creencias y expectativas. Para alcanzar el cumplimiento de metas, el agente debe realizar la acción que más le acerque al nivel de felicidad posible basado en las expectativas que él han generado de forma racional o irracional. Como la evidencia empírica ha demostrado, la capacidad de cómputo de los agentes no es perfecta e incluso tiene poder limitado, por lo cual no siempre se encuentra la acción óptima sino un conjunto de acciones satisfactorias que pueden cumplir con las expectativas y generar una utilidad que es suficiente para emprender la acción. Este proceso no ocurre en el vacío sino, por el contrario, en un contexto complejo donde intervienen variables de orden político, social, cultural y económico. Teniendo en cuenta el proceso y su contexto se establece el marco de referencia lógico.

Por lo tanto, la propuesta de un modelamiento del proceso de toma de decisiones a partir del álgebra booleana debe incluir los anteriores aspectos y, además, relacionarlos de manera adecuada con las operaciones, variables y funciones propias del álgebra booleana. En este orden de ideas, la estructura por la cual se puede iniciar es la tabla de verdad, donde, por ejemplo, las variables A, B, C son la información propia del agente que influye ante una premisa sobre la cual debe decidir. La columna de salida o resultados estaría asociada con las expectativas que tiene el agente en relación a la situación sobre la cual decidir. Las filas en la tabla de verdad son las acciones que puede realizar el agente, dada las diferentes combinaciones posibles teniendo en cuenta las variables de información. A continuación, se realiza la fórmula de la función POS o SOP propia de la tabla de verdad obtenida; esta función puede ser expresada de forma larga o puede utilizarse los mapas de Karnaugh para encontrar la expresión mínima, que permite entender de manera más eficiente la forma en la cual se tomó la decisión. Para el cálculo de la utilidad que obtiene el agente, se propone la expresión, la cual toma en consideración la utilidad como la mejor decisión posible, por la cual no habría motivo para haber seleccionado otro curso de acción.

$$U(x, y) = y e^{\frac{x}{2^n}} - \frac{y}{nx + 2}$$

Donde y hace referencia a las opciones que el agente conoce de la tabla de verdad derivada del proceso propio de decisión, x son las opciones satisfactorias y n está dado por la cantidad de variables que se toman a consideración en la tabla de verdad. El primer término en el cual se incluye la función exponencial se puede considerar una utilidad bruta que resulta del proceso de decisión; sin embargo, como se ha visto en la sección donde se trabajó sobre el método de toma de decisiones, toda decisión implica una serie de costos los cuales son representados en el segundo término que realiza un descuento a la utilidad bruta; cabe resaltar que en las opciones satisfactorias que aparecen en el denominador del término asociado a los costos permite cumplir con el argumento de que a mayor número de soluciones satisfactorias mayor es la utilidad

Para que la función se asocie correctamente a cada situación de la tabla de verdad se debe cumplir que

$$0 \leq x \leq 2^n$$

$$0 < y \leq 2^n$$

Es decir que se debe conocer al menos un curso de acción posible para que pueda ser considerado como una decisión racional que sea modelada mediante el algoritmo del álgebra booleana.

Tomando en consideración los intervalos entre los cuales se deben encontrar los valores de las variables de la función de utilidad, se puede analizar el comportamiento de cada una gracias a su derivada, por lo tanto, se tiene que

$$\frac{\partial U(x,y)}{\partial x} > 0 \quad \text{para } x \in [0, 2^n], \text{ y}$$

$$\frac{\partial U(x,y)}{\partial y} > 0 \quad \text{para } y \in (0, 2^n]$$

Es preciso aclarar que, debido al marco de referencia en el cual se toma cada decisión, para emprender el encuadre correcto en las respectivas tablas de verdad se debe identificar qué tipo de agente económico está decidiendo y sobre quién recae la decisión, ya que no se tendrá en consideración el mismo tipo de información o las expectativas que se esperan cumplir. Se establecieron seis tipos de agentes económicos cuyos nombres son *persona, hogar, firma, sistema financiero, gobierno y tierra*. Al etiquetar a cada uno de los agentes económicos con los nombres propuestos previamente puede suponerse que, ante un mayor nivel de alfabetización económica se logrará un encuadre correcto ante cada situación, por ejemplo, en una decisión que implique el establecimiento de un determinado impuesto sobre la producción, el tomador de la decisión será el gobierno pues este agente es aquel que tiene una cierta expectativa que cumplir al imponer ese gravamen. En este orden de ideas, el último agente, *tierra,* no toma decisiones racionales, pero sí existen decisiones que le afecten positiva o negativamente como, por ejemplo, realizar una explotación minera o construir un asentamiento en una determinada región.

En el anexo B se expone la propuesta en el presente documento sobre la forma en la cual se conectan los agentes en un determinado contexto.

Para mostrar la forma en la cual se puede utilizar el algoritmo del álgebra booleana sobre el proceso de toma de decisiones de un determinado agente, se supondrá una premisa que afecta al agente *persona* que consiste en la compra de un alimento. El primer encuadre o escenario consistirá en una decisión donde se tendrá atención sobre dos variables que serán el *ingreso* y *necesidad*. Note que la necesidad viene dada por un aspecto visceral que, como se vio en la sección del proceso de toma de decisiones, puede afectar de manera transversal todo el algoritmo. La expectativa es calmar el hambre. Al ser una decisión en la cual el agente solo toma dos variables, su tabla de verdad es

Tabla 3-1:   Tabla de verdad para una decisión de dos variables.

	A	B	E	
Opción 1	0	0	0	
Opción 2	0	1	0	
Opción 3	1	0	0	
Opción 4	1	1	1	Satisfactoria
	Ingreso	Necesidad	Resultado	

En la variable ingreso se ha puesto el valor de 1 en la situación en la cual es suficiente para cubrir la necesidad de compra y 0 en otro caso; y en la necesidad se puso el valor de 1 cuando la compra satisface el hambre y 0 en otro caso.

Debido a que es una primera decisión con pocas opciones es probable que el agente conozca todos sus posibles cursos de acción, y de esta forma se tendrían todas las variables que se necesitarían para conocer la utilidad que le generará la decisión en la cual compra el producto porque le satisface, además de tener el ingreso suficiente para hacerlo.

La función SOP que caracteriza la decisión de dos variables puede identificarse con el operador AND, es decir que es una decisión con un solo nivel de jerarquía y la función de decisión es

$$f(ingreso, necesidad) = ingreso \bullet necesidad$$

El nivel de utilidad será

$$U(1,4) = 4e^{\frac{1}{4}} - \frac{4}{2*1+2} = 4{,}136$$

Que equivale a un 39,5% del posible total de utilidad en un caso donde se toman a consideración dos variables.

Ahora se evaluará el escenario en el cual el agente *persona* tiene en consideración una nueva variable que se intenta medir para realizar la compra si el producto le gusta o no. Este sería el caso, por ejemplo, de comprar un alimento como el chocolate que puede satisfacer la sensación visceral de hambre o simplemente adquirirse por el gusto de deleitarlo.

Dentro de la tabla de verdad se incluirá esta variable como la letra C. Por supuesto, si el individuo toma en consideración la última variable estará revelando preferencias sobre ciertos tipos de alimentos. Al construir esta nueva tabla de verdad se obtiene

Tabla 3-2:   Tabla de verdad para una decisión de tres variables.

A	B	C	E
0	0	0	0
0	0	1	0
0	1	0	0
0	1	1	0
1	0	0	0
1	0	1	1
1	1	0	1
1	1	1	1

Para construir la función característica SOP se utiliza el algoritmo del mapa de Karnaugh. A continuación se muestra el procedimiento

Figura 3-1:   Mapa de Karnaugh para una decisión de tres variables.

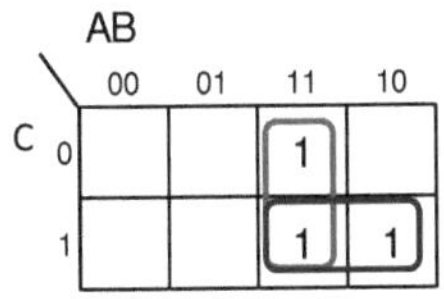

Por lo tanto, la función es

$$f(ingreso, necesidad, gusto) = ingreso \bullet necesidad + ingreso \bullet gusto$$

La función dice que las soluciones satisfactorias se consiguen cuando se cumple que se tiene ingreso y cumple la necesidad o si se tiene ingreso y cumple el gusto, lo cual era lo esperado intuitivamente, lo cual cumple con la idea de Simon, la cual enuncia que la teoría de la decisión debe ser una formalización del sentido común (Simon, 1986).

La utilidad que está asociada a este problema se presenta en la tabla 3-3 donde se evidencia la diferencia entre cada una al desconocer las diferentes opciones.

Tabla 3-3:   Utilidad posible para la decisión de tres variables.

Opciones Conocidas	1	2	3	4	5	6	7	8
Utilidad	1,364	2,728	4,092	5,456	6,820	8,184	9,549	10,913
Porcentaje sobre el máximo posible	6,4%	12,7%	19,1%	25,5%	31,8%	38,2%	44,5%	50,9%

Como último ejemplo de aplicación se agregará al escenario anterior una variable que sería externa de la situación como lo es un impuesto sobre el consumo de determinado bien. Al agregar el impuesto, en la tabla de verdad se identifica con la variable D, la teoría económica predice que el consumo del bien se reduce en caso de ser un bien fácilmente sustituible, se podría afirmar que, al seleccionar un agente al azar, no debería comprar el producto ya que sus costos han aumentado.

Sin embargo, podría encontrarse una serie de expectativas como las que se presentan en la tabla de verdad 3-4. El mecanismo por el cual se puede encontrar estas expectativas serían bases de datos sobre comportamiento del consumidor, artículos científicos o con economía experimental fortaleciendo la evidencia empírica necesaria para la construcción de la misma.

Tabla 3-4:   Tabla de verdad para una decisión de cuatro variables.

A	B	C	D	E
0	0	0	0	0
0	0	0	1	0
0	0	1	0	0
0	0	1	1	0
0	1	0	0	0
0	1	0	1	0
0	1	1	0	0
0	1	1	1	0
1	0	0	0	0
1	0	0	1	0
1	0	1	0	1
1	0	1	1	0
1	1	0	0	1
1	1	0	1	d1
1	1	1	0	1
1	1	1	1	d2

De acuerdo con esto, la incertidumbre que se genera en las decisiones que implican impuesto ante un bien que es necesario, las cuales se han denotado d1 y d2; se pueden desarrollar cuatro posibles combinaciones para reducir la tabla de verdad. A continuación se presentan los cuatro mapas de Karnaugh posibles.

Figura 3-2:   Mapa de Karnaugh para una decisión de cuatro variables con dos expectativas desconocidas.

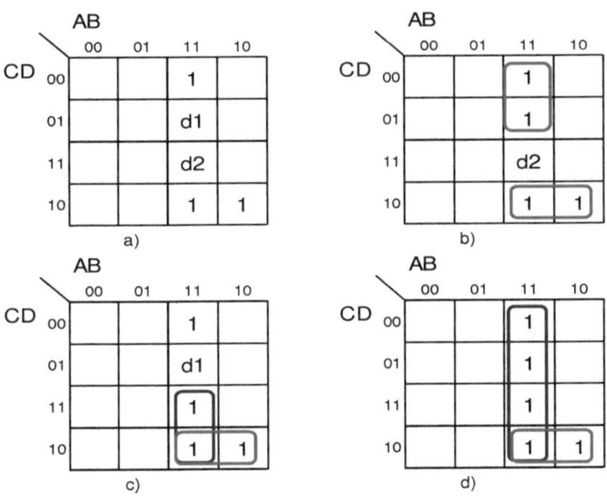

Por supuesto, la opción d) es la que presenta una reducción más completa debido a la definición del funcionamiento del mapa de Karnaugh y bajo el supuesto que los valores desconocidos toman el valor de 1. Si suponemos que esta es la función de decisión asociada se obtiene que

$$f(A, B, C, D) = A \cdot B + A \cdot C \cdot \overline{D}$$

La cual dice que un agente tomará la decisión de compra ante la necesidad o en el caso que le guste siempre y cuando no aplique un impuesto sobre el bien.

Para el cálculo de la utilidad de esta situación, se hace evidente que existen, al menos, dos combinaciones que el tomador de decisiones no conoce. Suponer que se conoce todos los cursos de acción es asumir una capacidad de cómputo ilimitada puesto que las 16 combinaciones son una cantidad considerable de cálculo computacional; para estar al tanto sobre cuántas opciones se conocen por parte de determinados agentes se requiere una investigación fuerte que permita construir una evidencia empírica sobre la cantidad de acciones que un agente tiene en consideración al tomar una decisión con esta cantidad de combinaciones.

En lo correspondiente a esta situación de ejemplo, se supondrá que el agente solo desconoce las dos opciones que se han mencionado previamente, es decir que el nivel de utilidad que ha conseguido es

$$U(5,14) = 14e^{\frac{5}{16}} - \frac{14}{4 * 5 + 2} = 18{,}499$$

Este nivel de utilidad equivaldría al 42,77% de la utilidad máxima posible en el escenario donde se toman en consideración 4 variables.

Si bien al comparar los diferentes niveles de utilidad que ha generado cada una de las tres situaciones ejemplo se ha observado una tendencia hacia el alza relativa, no se puede decir que una mayor cantidad de variables han comprado racionalidad porque no se ha alcanzado máximos. Así, se puede ilustrar la idea mencionada previamente donde se afirma que mayor información no es sinónimo de una elección de mayor calidad.

Por último, debido a los posibles valores que puede tomar las diferentes variables, es decir un 1 o un 0, será el valor de referencia que tiene cada agente el que puede inclinar una variable hacia cada uno de los posibles valores. En situaciones donde se incluyan variables que pueden tomar más de las dos opciones categóricas, se observará con mayor claridad el límite que hace que un agente se incline por el valor positivo o por el valor negativo; por supuesto esto permite explicar ciertos casos donde se presentan las reversas en las preferencias o los cambios en la valoración del futuro pues el límite no está claro ni es permanente debido al proceso de aprendizaje y la comparación histórica como regla de selección de acción ante resultados satisfactorios.

4. Conclusiones y recomendaciones

4.1 Conclusiones

El estudio de la manera en la cual los diferentes agentes toman decisiones debe ser un elemento crucial dentro de la ciencia económica puesto que esta acción humana es la base de diferentes procesos económicos como lo son el consumo, la inversión, el ahorro, o el gasto público que se han considerado dependientes de ciertos factores generados para llevar a cabo la realización de cada uno de ellos (definidos como incentivos). Desde este punto de vista no basta con un modelo normativo, aunque éste permita entregar una única respuesta ante diferentes situaciones. Esta ventaja del modelo normativo se debe a unos supuestos muy fuertes sobre la información y la capacidad de cómputo, que no toman en consideración los aportes de otras ciencias sociales y que elimina las diferencias entre los agentes económicos reduciéndolos a una única categoría (*homo economicus)* que no expresa la forma real de actuar de cada uno.

Por lo tanto, un modelo de carácter descriptivo de la toma de decisiones que incluya aspectos que se acerquen a la realidad es una necesidad para comprender la forma correcta en la cual opera un agente económico ante una determinada situación o una premisa. Por supuesto, ya existen grandes avances en este modelo gracias a estudios interdisciplinarios donde se presta atención a la influencia de factores viscerales, culturales, sociales y políticos e incluso del orden de la bioquímica corporal; sin embargo, no existía un documento que intentara realizar una recopilación de la mayor cantidad de elementos presentes en las decisiones humanas y vincularlas en un único proceso que pudiese ser traslapado a diferentes agentes para explicar la forma en la cual operan ante decisiones racionales donde, por lo menos, existe una elección mínima consciente y no se entregue la respuesta al sistema intuitivo.

Al examinar una herramienta como lo es el álgebra booleana, la cual se usa en otro tipo de campos de saber, se encontró una posibilidad de esquematizar el proceso de toma de decisiones económicas racionales donde se permitiese evaluar la forma en la cual un determinado agente económico piensa un problema con la información que posee previamente y que no hubiese restricción en la cantidad de variables que pueda incluirse para intentar explicar un curso de acción elegido. Además de permitir observar una función que se denomina, función de decisión, en la cual se puede evaluar las variables que realmente se toman en consideración ante determinadas premisas o decisiones que pueden ir desde la compra de un bien hasta la forma en la cual pueda plantearse una política pública sobre el cuidado del medio ambiente tomando en consideración el marco lógico de referencia que cada uno de los agentes económicos definidos puede construir.

El modelo propuesto puede incluir variables de tipo visceral, cultural, social, entre otros, lo que permite evaluar decisiones sobre el consumo, la inversión, el ahorro, desde una perspectiva interdisciplinar que abarca una amplia gama de posibilidades para explicar, por ejemplo, el porqué del fracaso de algunas políticas que buscan frenar posibles crisis económicas de un determinado territorio debido a la falla en el estímulo del incentivo adecuado, o el sesgo de inversión hacia países donde las tasas de rendimiento sea menor debido a elementos de orden afectivo hacia un territorio, por ejemplo.

Por su parte, al definirse la función de utilidad del proceso de decisión donde se involucran las soluciones satisfactorias junto con la cantidad de cómputo conocida se está proponiendo una medida distinta a la noción tradicional de utilidad, donde las variables para medirla son combinaciones de bienes o servicios. Esto implica que la maximización de la utilidad dependería de la cantidad de soluciones que cumplen con las expectativas del agente económico, pero como se enunció, estas se forman a partir de la información y el proceso de búsqueda racional, por tanto, aunque matemáticamente sea posible conseguir un máximo, la definición que se realiza sobre el proceso limitaría esta opción; además de las situaciones en las cuales un agente económico decide en función de las adicciones.

Finalmente, debido a la orientación hacia un modelo descriptivo en lugar de un normativo se debe tener en consideración que este planteamiento se intenta acercar al entendimiento de la realidad. Por lo tanto, implica que no pueden proponerse ni encontrarse decisiones sobre determinadas sendas óptimas que maximicen funciones de utilidad tradicionales para distintos agentes. No obstante, la división que se plantea sobre los agentes que participan en una economía determinada facilita la forma en la cual acercarse al proceso que cada uno emprende al momento de tomar una decisión; entonces, un primer uso que puede tomarse para la posible implementación del modelo se encontraría gracias a la economía experimental en decisiones personales. Cabe resaltar que el alcance que puede tener la implementación de un modelo con álgebra booleana, como el propuesto, está en la capacidad de entender interacciones entre los agentes que posean un mayor grado de complejidad, pero que tengan como base el proceso de toma de decisiones racionales donde se involucra la información, la acción y las expectativas; además de nuevas propuestas sobre la función de utilidad que pueda tener un agente en particular.

4.2 Recomendaciones

Como se ha observado a lo largo de la construcción del modelo, las variables deben tener un valor categórico de 1 o 0 que pueden representar presencia o ausencia al momento de tenerse en cuenta dentro de cada acción. Esta exclusividad en el valor que puedan tener las variables es un limitante bastante fuerte al momento de incluir aspectos que tengan comportamientos continuos o discretos con una gama más amplia de valores. Por tanto, la habilidad del posible evaluador del uso del modelo para situaciones prácticas, debe concentrarse en la capacidad de usar dichas variables como si fueran categóricas; también se puede identificar con el tiempo, estudios o evidencia empírica, la medida en la cual un respectivo agente considera que, dentro de una función con valores discretos o continuos, se encuentra el límite que cambia de un valor 0 a un valor de 1 para un determinado encuadre. Por ejemplo, en la lógica de los circuitos digitales operados con compuertas, se considera un valor de 1 cuando la tensión pasa el umbral de los 0,7 voltios (Nelson et al., 1999). Este límite jugaría el papel del valor decisional o valor natural y se esperaría que fuera diferente ante cada una de las variables. Este es un gran reto que surge a partir de la implementación del modelo a un carácter microeconómico, mesoeconómico o macroeconómico.

El efecto del aprendizaje podría ser modelado gracias a las compuertas derivadas del álgebra booleana, pero se requiere de un mayor conocimiento del funcionamiento de circuitos estilo flip-flop, decodificadores o codificadores, además de un empalme adecuado al modelo ya propuesto. Esto requiere de un trabajo interdisciplinar y de explorar más a fondo el funcionamiento de los circuitos digitales por parte de los teóricos de la decisión o la ciencia económica, e incluso llegar a elementos como los circuitos programados digitales, por supuesto esta tarea queda planteada para futuras investigaciones sobre el tema.

Acerca del modelo descriptivo propuesto en el documento se puede tomar como una base sobre la cual integrar los diferentes avances que se realicen en futuros estudios de economía experimental o conductual. Por supuesto el modelo acá elaborado es una primera aproximación que busca recopilar e integrar la mayor cantidad de información disponible sobre el proceso de toma de decisiones; sin embargo, existió la dificultad de integrar todo ese cuerpo teórico a una primera aproximación del modelo que usa álgebra booleana para la toma de decisiones económicas pero que sí fue descrita en el capítulo del proceso de toma de decisiones. Para el autor existe la esperanza que, con una investigación centrada en esta nueva propuesta, pueda vincularse algunos elementos ya mencionados pero descartados de esta primera aproximación junto con otras teorías que hablan de otras maneras de tomar decisiones como lo son la teoría de juegos, principalmente lo correspondiente a los juegos cooperativos o de utilidad transferible.

A. Anexo A: Demostraciones de los Teoremas del Álgebra Booleana.

Para realizar estas demostraciones se ha numerado cada uno de los axiomas básicos en el orden en que fueron presentados en el capítulo correspondiente de la forma *[A$_X$(a)]* o *[A$_X$(b)]* según corresponda; para los teoremas, una vez demostrados se utiliza *[T$_X$(a)]* o *[T$_X$(b)]*

Teorema 1. Idempotencia

Se puede demostrar la parte a. o b. del teorema, Suponga que se quiere demostrar la parte a.

$$\alpha + \alpha = (\alpha + \alpha) \bullet 1 \qquad\qquad [A_2(b)]$$

$$\alpha + \alpha = (\alpha + \alpha) \bullet (\alpha + \bar{\alpha}) \qquad\qquad [A_6(a)]$$

$$\alpha + \alpha = \alpha + (\alpha \bullet \bar{\alpha}) \qquad\qquad [A_5(a)]$$

$$\alpha + \alpha = \alpha + 0 \qquad\qquad [A_6(b)]$$

$$\alpha + \alpha = \alpha \qquad\qquad [A_2(a)]$$

Teorema 2. Elementos neutros para los operadores + y •

Se puede demostrar la parte a. o b. del teorema, Suponga que se quiere demostrar la parte a. y por dualidad implica que la parte b. también es válida.

$$\alpha + 1 = (\alpha + 1) \bullet 1 \qquad\qquad [A_2(b)]$$

$$\alpha + 1 = 1 \bullet (\alpha + 1) \qquad\qquad [A_3(b)]$$

$$\alpha + 1 = (\alpha + \bar{\alpha}) \bullet (\alpha + 1) \qquad\qquad [A_6(a)]$$

$$\alpha + 1 = (\alpha + \bar{\alpha}) \bullet 1 \qquad\qquad [A_5(a)]$$

$$\alpha + 1 = \alpha + \bar{a} \qquad\qquad [A_2(b)]$$

$$\alpha + 1 = 1 \qquad\qquad [A_6(a)]$$

Teorema 3. Involución

Por el axioma 5,

$$a. \quad \alpha + \bar{\alpha} = 1$$

$$b. \quad \alpha \bullet \bar{\alpha} = 0$$

Por lo tanto, $\bar{\alpha}$ es el complemento de α, y también α es el complemento de $\bar{\alpha}$. Como el complemento de $\bar{\alpha}$ es único, se sigue que $\bar{\alpha} = \alpha$

Teorema 4. Absorción

Se puede demostrar la parte a. o b. del teorema, Suponga que se quiere demostrar la parte a. y por dualidad implica que la parte b. también es válida.

$$\alpha + (\alpha \bullet \beta) = (\alpha \bullet 1) + (\alpha \bullet \beta) \qquad\qquad [A_2(b)]$$

$$\alpha + (\alpha \bullet \beta) = \alpha \bullet (1 + \beta) \qquad\qquad [A_5(b)]$$

$$\alpha + (\alpha \bullet \beta) = \alpha \bullet (\beta + 1) \qquad\qquad [A_3(a)]$$

$$\alpha + (\alpha \bullet \beta) = \alpha \bullet 1 \qquad\qquad [T_2(a)]$$

$$\alpha + (\alpha \bullet \beta) = a \qquad\qquad [A_2(b)]$$

Teorema 5. Simplificación 1

Se puede demostrar la parte a. o b. del teorema, Suponga que se quiere demostrar la parte a. y por dualidad implica que la parte b. también es válida.

$$\alpha + (\bar{\alpha} \bullet \beta) = (\alpha + 1) \bullet (\alpha + \beta) \qquad\qquad [A_5(a)]$$

$$\alpha + (\bar{\alpha} \bullet \beta) = 1 \bullet (\alpha + \beta) \qquad\qquad [A_6(a)]$$

$$\alpha + (\bar{\alpha} \bullet \beta) = (\alpha + \beta) \bullet 1 \qquad\qquad [A_3(b)]$$

$$\alpha + (\bar{\alpha} \bullet \beta) = \alpha + \beta \qquad\qquad [A_2(b)]$$

Teorema 6. Simplificación 2

Se puede demostrar la parte a. o b. del teorema, Suponga que se quiere demostrar la parte a. y por dualidad implica que la parte b. también es válida.

$$(\alpha \bullet \beta) + (\alpha \bullet \bar{\beta}) = \alpha \bullet (\beta + \bar{\beta}) \qquad\qquad [A_5(a)]$$

$$(\alpha \bullet \beta) + (\alpha \bullet \bar{\beta}) = \alpha \bullet 1 \qquad\qquad [A_6(a)]$$

$$(\alpha \bullet \beta) + (\alpha \bullet \bar{\beta}) = \alpha \qquad\qquad [A_2(b)]$$

Teorema 7. Simplificación 3

Se puede demostrar la parte a. o b. del teorema, Suponga que se quiere demostrar la parte a. y por dualidad implica que la parte b. también es válida.

$$(\alpha \bullet \beta) + \left(\alpha \bullet \bar{\beta} \bullet \gamma\right) = \alpha \bullet [\beta + (\bar{\beta} \bullet \gamma)] \qquad\qquad [A_5(a)]$$

$$(\alpha \bullet \beta) + \left(\alpha \bullet \bar{\beta} \bullet \gamma\right) = \alpha \bullet \beta + \gamma \qquad\qquad [T_5(a)]$$

$$(\alpha \bullet \beta) + \left(\alpha \bullet \bar{\beta} \bullet \gamma\right) = (\alpha \bullet \beta) + (\alpha \bullet \gamma) \qquad\qquad [A_5(b)]$$

Teorema 8. DeMorgan

Si $X = \alpha + \beta$, entonces $\bar{X} = \overline{(\alpha + \beta)}$. Por el axioma 6, $X \bullet \bar{X} = 0$ y $X + \bar{X} = 1$. Si $X \bullet Y = 0$ y $X + Y = 1$, entonces $Y = \bar{X}$, ya que el complemento de X es único. Por tanto, sea $Y = (\bar{\alpha}) \bullet (\bar{\beta})$ y calculando $X \bullet Y$ y $X + Y$:

$$X \bullet Y = (\alpha + \beta) \bullet (\bar{\alpha} \bullet \bar{\beta})$$

$$X \bullet Y = (\bar{\alpha} \bullet \bar{\beta}) \bullet (\alpha + \beta) \qquad\qquad [A_3(b)]$$

$$X \bullet Y = [(\bar{\alpha} \bullet \bar{\beta}) \bullet \alpha] + [(\bar{\alpha} \bullet \bar{\beta}) \bullet \beta] \qquad\qquad [A_5(b)]$$

$$X \bullet Y = [\alpha \bullet (\bar{\alpha} \bullet \bar{\beta})] + [(\bar{\alpha} \bullet \bar{\beta}) \bullet \beta] \qquad\qquad [A_3(b)]$$

$$X \bullet Y = [(\alpha \bullet \bar{\alpha}) \bullet \bar{\beta}] + [\bar{\alpha} \bullet (\bar{\beta} \bullet \beta)] \qquad\qquad [A_4(b)]$$

$$X \bullet Y = (0 \bullet \bar{\beta}) + [\bar{\alpha} \bullet (\bar{\beta} \bullet \beta)] \qquad\qquad [A_6(b),\ A_3(b)]$$

$$X \bullet Y = (0 \bullet \bar{\beta}) + (\bar{\alpha} \bullet 0) \qquad\qquad [A_6(b),\ A_3(b)]$$

$$X \bullet Y = (0) + (0) \qquad\qquad [T_2(b)]$$

$$X \bullet Y = 0 \qquad\qquad [A_2(a)]$$

$$X + Y = (\alpha + \beta) + (\bar{\alpha} \bullet \bar{\beta})$$

$$X + Y = (\beta + \alpha) + (\bar{\alpha} \bullet \bar{\beta}) \qquad\qquad [A_3(a)]$$

$$X + Y = \beta + [\alpha + (\bar{\alpha} \bullet \bar{\beta})] \qquad\qquad [A_4(a)]$$

$$X + Y = \beta + (\alpha + \bar{\beta}) \qquad\qquad [T_5(a)]$$

$$X + Y = (\alpha + \bar{\beta}) + \beta \qquad\qquad [A_3(a)]$$

$$X + Y = \alpha + (\bar{\beta} + \beta) \qquad\qquad [A_4(a)]$$

$$X + Y = \alpha + (\beta + \bar{\beta}) \qquad\qquad [A_3(a)]$$

$$X + Y = \alpha + 1 \qquad\qquad [A_6(a)]$$

$$X + Y = 1 \qquad\qquad [T_2(a)]$$

Por tanto, por la unicidad de $\bar{X}$, $Y = \bar{X}$, y en consecuencia

$$\bar{\alpha} \bullet \bar{\beta} = \overline{(\alpha + \beta)}$$

Teorema 9. Consenso

$$(\alpha \bullet \beta) + (\bar{\alpha} \bullet \gamma) + (\beta \bullet \gamma) = (\alpha \bullet \beta) + (\bar{\alpha} \bullet \gamma) + (1 \bullet \beta \bullet \gamma) \qquad [A_2(b)]$$

$$(\alpha \bullet \beta) + (\bar{\alpha} \bullet \gamma) + (\beta \bullet \gamma) = (\alpha \bullet \beta) + (\bar{\alpha} \bullet \gamma) + [(\alpha + \bar{\alpha}) \bullet (\beta \bullet \gamma)] \qquad [A_6(a)]$$

$$(\alpha \bullet \beta) + (\bar{\alpha} \bullet \gamma) + (\beta \bullet \gamma) = (\alpha \bullet \beta) + (\bar{\alpha} \bullet \gamma) + (\alpha \bullet \beta \bullet \gamma) + (\bar{\alpha} \bullet \beta \bullet \gamma) \qquad [A_5(b)]$$

$$(\alpha \bullet \beta) + (\bar{\alpha} \bullet \gamma) + (\beta \bullet \gamma) = [(\alpha \bullet \beta) + (\alpha \bullet \beta \bullet \gamma)] + [(\bar{\alpha} \bullet \gamma)(\alpha \bullet \beta \bullet \gamma)]$$

$$(\alpha \bullet \beta) + (\bar{\alpha} \bullet \gamma) + (\beta \bullet \gamma) = (\alpha \bullet \beta) + (\bar{\alpha} \bullet \gamma) \qquad [T_4(a)]$$

B. Anexo B: Diagrama de conexiones.

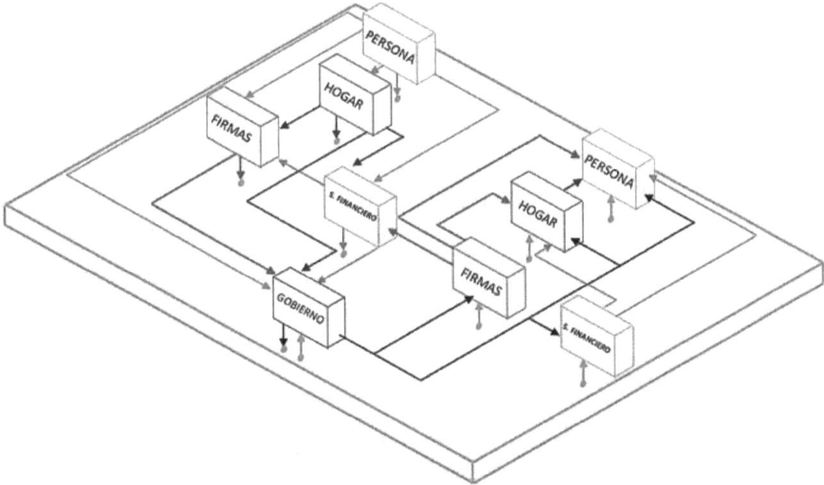

La dirección de la flecha indica el sentido de la conexión que existe entre los diferentes agentes. Cada agente tiene un color característico que incluye su caja y sus flechas, además está interconectado con todos los demás. El color verde pertenece al agente *tierra* y se ha incluido, aunque no tome decisiones racionales debido a que los demás agentes pueden tomar decisiones que le afecten a este, por ejemplo, al arrojar basura o sembrar un árbol.

Un determinado encuadre para formular la tabla de verdad necesariamente estará ubicado sobre una respectiva flecha de un respectivo agente como se explicó en el marco de referencia.

C.   Anexo C. Gráfica de la función de utilidad propuesta.

Utilidad para dos variables

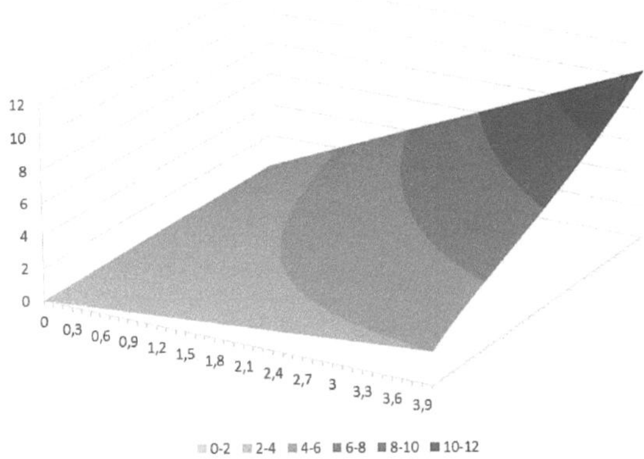

Curvas de Nivel

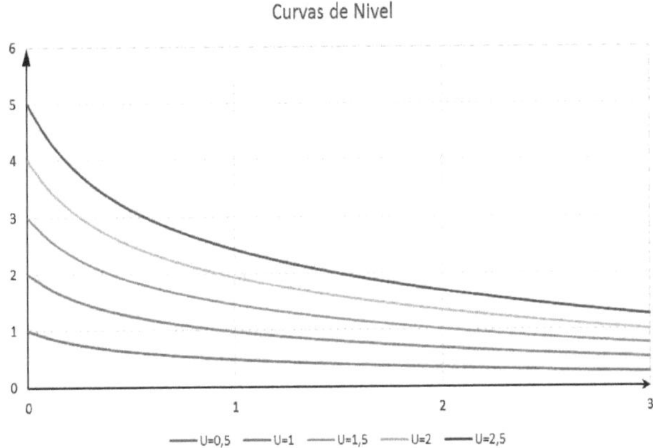

Bibliografía

Abitbol, P., & Botero, F. (2005). Teoría de elección racional: estructura conceptual y evolución reciente. *Colombia Internacional, (62)*, 132 - 145.

Aguiar, F. (2004). Teoría de la decisión e incertidumbre: modelos normativos y descriptivos. Empiria. *Revista de Metodología de Ciencias Sociales, 0(8)*, 139. http://dx.doi.org/10.5944/empiria.8.2004.982

Becker, G., & Murphy, K. (1988). A theory of rational addiction. *Journal of Political Economy, 96(4)*, 675-700. http://dx.doi.org/10.1086/261558

Camerer, C. (1998). Bounded rationality in individual decision making. *Experimental Economics, 1(2)*, 163-183. http://dx.doi.org/10.1007/bf01669302

Casanova, G. (1975). *El Álgebra de Boole*. Madrid: Tecnos.

Cortada de Kohan, N. (2008). Los sesgos cognitivos en la toma de decisiones. *International Journal of Psychological Research, 1*(1), 68. http://dx.doi.org/10.21500/20112084.968

Denegri, M. (2010). *Introducción a la Psicología Económica*. Temuco: PSICOM Editores.

Elster, J. (1999). *Sobre las pasiones*. Barcelona: Paidós.

Floyd, T. L., Caño, M. J. G., & de Turisi, E. B. L. (1997). *Fundamentos de sistemas digitales (Vol. 7)*. Prentice Hall.

Kahneman, Daniel. (2003). Mapas de racionalidad limitada: psicología para una economía conductual. Discurso pronunciado en el acto de entrega del premio Nobel de Economía 2002. *RAE: Revista Asturiana de Economía, ISSN 1134-8291, 28*, 181-225.

Kono, Y., & Yamashita, T. (2003). Human Decision Making Model by Boolean Approach and Fuzzy Reasoning. En H. Yanai, A. Okada, K. Shigemasu, Y. Kano & J. Meulman, *New Developments in Pshycometrics* (1st ed., pp. 592-600). Osaka: Springer-Japan.

Küng, H., & Paz, C. (2009). *Ética mundial una guía para descubrir los valores que todos tenemos en común.* Bogotá (Colombia): Casa Editorial el Tiempo.

Loewenstein, G. (1996). Out of control: Visceral influences on behavior. *Organizational Behavior and Human Decision Processes, 65(3),* 272-292. http://dx.doi.org/10.1006/obhd.1996.0028

Mantzavinos, C., North, D., & Shariq, S. (2004). Learning, institutions, and economic performance. *Perspectives On Politics, 2(1),* 75-84. http://dx.doi.org/10.1017/s1537592704000635

Nelson, V., Nagle, T., Carroll, B., & Irwin, D. (1999*). Análisis y diseño de circuitos lógicos digitales.* México: Prentice Hall.

North, D. (1968). A tutorial introduction to decision theory. *IEEE Transactions On Systems Science and Cybernetics, 4(3),* 200-210. http://dx.doi.org/10.1109/tssc.1968.300114

Oliva, J. (2018). *La teoría de la Reflexividad de George Soros. GestioPolis - Conocimiento en Negocios.* Recuperado 14 de febrero 2018, de https://www.gestiopolis.com/la-teoria-reflexividad-george-soros/

Olson, M. (1992). *La lógica de la acción colectiva.* México, D.F: Limusa.

Ragin, C. (1999). Using qualitative comparative analysis to study causal complexity. *Health Services Research, 34*(5 Pt 2), 1225–1239.

Schilirò, D. (2012). Bounded rationality and perfect rationality: Psychology into Economics. *Theoretical and Practical Research in Economic Fields, III (2).* http://dx.doi.org/10.2478/v10261-012-0007-0

Simon, H. (1979). Rational decision making in business organizations. *The American Economic Review, 69(4),* 493-513.

Simon, H. (1986). Rationality in Psychology and Economics. *The Journal of Business, 59(S4),* S209. http://dx.doi.org/10.1086/296363

Simon, H., & Lazaro Roz, A. (1982). *El comportamiento administrativo.* Buenos aires: Aguilar.

Tversky, A., & Kahneman, D. (1981). The framing of decisions and the psychology of choice. *Science, 211*(4481), 453-458. http://dx.doi.org/10.1126/science.7455683

Visser, M., & Roelofs, M. (2011). Heterogeneous preferences for altruism: gender and personality, social status, giving and taking. *Experimental Economics, 14(4),* 490-506. http://dx.doi.org/10.1007/s10683-011-9278-4

Whitesitt, J. (2012). *Boolean algebra and its applications.* Newburyport: Dover Publications.

I want morebooks!

Buy your books fast and straightforward online - at one of world's fastest growing online book stores! Environmentally sound due to Print-on-Demand technologies.

Buy your books online at
www.morebooks.shop

¡Compre sus libros rápido y directo en internet, en una de las librerías en línea con mayor crecimiento en el mundo! Producción que protege el medio ambiente a través de las tecnologías de impresión bajo demanda.

Compre sus libros online en
www.morebooks.shop

KS OmniScriptum Publishing
Brivibas gatve 197
LV-1039 Riga, Latvia
Telefax: +371 686 204 55

info@omniscriptum.com
www.omniscriptum.com

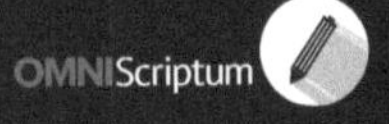

Printed by Books on Demand GmbH, Norderstedt / Germany